KB127139

물리학으로의 산책

정태성

머리말

   질문은 답을 찾게 만들고, 그 답을 찾는 과정에서 인간은 성장하게 된다. 우리 주변에서 하루가 왜 24시간인지 질문을 하는 사람은 드물다. 지구의 자전축이 왜 23.5도 기울어져 있는 것인지 의구심을 가지고 있는 사람 또한 그다지 많지 않다.

   지구의 자전축이 기울어져 있는 것에 호기심을 가지고 있는 사람은 우리 태양계의 다른 행성들의 자전축은 어느 정도 기울어져 있는지에 대한 한 걸음 더 나아간 질문을 하게 된다.

   그런 과정에서 수성은 0.04도로 거의 수직으로 공전을 하고 있고, 금성은 177도로 물구나무선 것처럼 공전하며, 천왕성은 98도로 옆으로 누워서 공전하고 있다는 것을 알게 된다.

   질문은 거기서 더 나아가 지구의 자전축이 항상 23.5도 일지에 대한 의구심을 가지게 된다. 그로 인해 지구의 자전축은 최소 22.1도에서 최대 24.5도 사이에서 주기적으로 변하고 있고, 그 주기가 41,000년이라는 것을 알게 된다.

이러한 질문은 산책할 때와 같은 여유로움에서 생길 수 있다. 너무 바쁘게 무언가를 하다보면 질문할 시간조차 없기 때문이다. 당연함에서 질문으로, 그 질문에서 답을 찾는 과정으로, 그 과정을 통한 성장을 이 책을 통해 조금이라도 경험하기를 희망한다.

2023. 7.

저자

차례

1. 빛은 어떻게 생기는 걸까?

일상생활에서 빛이 없다면 어떠한 일이 일어날까? 우리의 일상적인 삶뿐만 아니라 자연, 아니 우주 전체에서 빛이 없다면 어떻게 될지는 상상할 수조차 없을 것이다. 빛은 아마도 우주에서 가장 중요한 존재일 것이다.

빛은 도대체 어떻게 만들어지는 것일까? 그것을 알기 위해서는 물질의 가장 근원적인 원자의 세계를 이해해야만 한다. 우주의 물질을 이루는 가장 기본적인 입자는 원자이다. 물론 현대 물리학에서는 쿼크와 렙톤을 더욱 근본적인 입자로 생각한다. 하지만 빛의 생성원리는 원자의 세계를 탐구하는 것으로 족하다.

빛이 생기는 근본적인 원리는 물질의 상태와 관계되어 있다. 원자는 가운데 양성자와 중성자가 있는 원자핵이 존재하고 그 주위를 전자가 돌고 있다. 물질의 상태는 일반적으로 전자의 운동과 관련되어 있으며, 빛의 생성 또한 전자가 중요한 역할을 한다.

전자의 운동 상태에 따라 물질은 들뜬 상태에 있거나 바닥 상태로 존재한다. 빛은 전자가 들뜬 상태에 존재하다가 바닥 상태로 이동할 때 생기게 된다. 이러한 빛은 들뜬 상태와 바닥 상태의 전기 에너지 차이에 해당된다.

양자역학에 의하면 들뜬 상태에 있는 전자의 파동함수와 바닥 상태에 있는 전자의 파동함수 사이에 간섭 현상이 일어난다. 간섭 현상이 일어났을 때 외부에서 전자의 분포를 보면 대부분의 시간에 어느 한쪽에 있다가 다음 시간에 다른 쪽에 분포한다. 이것은 밖에서 볼 때 전자의 뭉치가 위에서 아래로 빠르게 운동하는 것으로 보인다. 즉 전자가 가속운동을 하는 것이라 생각할 수 있다.

전자기학 이론에 의하면 전하가 가속운동을 할 때 빛을 방출한다. 전하를 가진 물체가 등속운동을 할 때는 전기장이 일정하게 뻗어나간다. 즉, 전기장이 시간상으로 변하지 않는다. 하지만 전하가 가속운동을 할 때는 그 접선 방향으로 전자기장이 뻗어나가게 된다. 이것이 바로 빛인 것이다.

현상적으로 달라 보이지만 흑체 복사일 경우에 나오는 빛은 분자를 들뜬 상태로 올리는 열에너지가 바로 빛으로 만들어진다.

우주에 빛이 없었다면 어떠했을까? 아마 무한히 넓은 우주 공간에 아무것도 존재하지 않았을지도 모른다.

2. 대통일 이론

1974년 하버드 대학의 하워드 조자이와 셸던 글래쇼우는 강력, 약력, 전자기력의 세기가 거리와 에너지에 따라 변화하는 것은 이들이 고에너지 상태에서 하나의 힘으로 통일되어 있음을 반영하는 것이라는 주장을 했다. 그들은 이를 '대통일 이론 (Grand Unified Theory, GUT)' 이라고 불렀다.

조자이와 글래쇼우의 이론에 따르면 에너지와 온도가 극도로 높은 우주 진화의 초기에 이 세 힘의 세기는 서로 동일했고 중력을 제외한 세 힘은 하나의 힘으로 융합되어 있었다.

우주가 진화하여 온도가 내려가면서 단일한 힘은 서로 다른 에너지 의존성을 갖는 3개의 다른 힘인 전자기력, 약력, 강력으로 분리되었다. 세 힘이 하나의 힘에서 시작했다고 해도, 낮은 에너지 상태에서 가상 입자가 각각의 힘에 미치는 영향이 서로 다르기 때문에 나중에는 서로 다른 상호 작용 세기를 갖게 되었다.

우주 초기에 이 세 힘은 자발적 대칭성 깨짐을 겪으면서 서로 분리되었다. 힉스 메커니즘이 약전자기 대칭성을 깨뜨리자 전자기력만 깨지지 않고 남은 것처럼, GUT 대칭성이 깨지자 3개의 분리된 힘이 남게 되었다.

고에너지에서 상호 작용 세기가 같아지는 것은 대통일 이론의 전제 조건이다. 상호 작용 세기를 에너지 함수로 표현한 3개의 선이 모두 힘의 통일을 나타내는 한 점에서 교차해야 한다. 하지만 중력을 제외한 세 힘의 세기가 에너지에 따라 어떻게 변하는지 알고 있다. 낮은 에너지에서는 강력이 전자기력이나 약력보다 더 강하지만 높은 에너지에서는 강력이 약해지는 대신 전자기력과 약력이 강해진다.

중력을 제외한 이 세 힘의 세기는 고에너지에서 거의 유사한 값을 가지며 심지어 하나의 값으로 수렴한다. 이는 상호 작용 세기를 에너지 함수로서 나타내는 3개의 선이 고에너지에서 서로 교차함을 의미한다.

2개의 선이 한 지점에서 만나는 것은 그리 흥분할 결과는 아니다. 선들이 서로 가까이 접근하면 당연히 일어나는 일이다. 하지만 3개의 선이 한 점에서 만나는 것은 엄청난 우연이거나 훨씬 큰 의미를 담고 있다. 만일 힘들이 서로 합쳐져 하나가 된다면 그러한 단일한 상호 작용 세기는 고에너지 상태에서 오직 하나의 힘 유형이 있다는 뜻이다. 바로 이때 대통일 이론이 적용된다.

하워드 조자이, 스티븐 와인버그, 헬렌 퀸은 당시로는 유효했으나 완벽하지 않은 측정 결과를 이용해, 고에너지 상태에서 힘의 세기를 외삽하기 위해 재규격화군을 계산했다. 이들은 중력을 제외한 세 힘의 세기를 나타내는 3개의 선이 한 점에서 만나는 것을 발견했다.

조자이와 글래쇼우의 대통일 이론은 양성자의 붕괴를 예측했다. 아주 오랜 시간이 걸리겠지만 양성자는 붕괴할 것이다. 이는 표준 모형에서는 일어나서는 안 되는 일이다. 쿼크와 경입자는 보통 그들이 경험하는 힘에 따라 구별된다. 하지만 대통일 이론에서 힘은 본질적으로 모두 동일하다. 업 쿼크가 약력에 의해 다운 쿼크로 변화할 수 있는 것처럼 통일된 힘을 통해 쿼크가 경입자로 변할 수 있다. 만일 대통일 이론이 옳다면 우주에 존재하는 전체 쿼크의 수는 일정하지 않을 것이고, 쿼크가 경입자로 변할 수 있기 때문에 3개의 쿼크로 이루어진 양성자가 붕괴할 수 있을 것이다.

　　쿼크와 경입자를 이어 주는 대통일 이론에서는 양성자가 붕괴할 수 있기 때문에, 우리 주변의 모든 물질은 궁극적으로 불안정하다고 본다. 그러나 양성자의 붕괴 속도는 아주 느려서 양성자의 수명은 우주의 나이를 넘어설 정도이다. 따라서 양성자 붕괴와 같은 극적인 신호를 감지할 수 있는 기회가 그다지 많지 않으며 그런 일은 거의 일어나지 않을 것이다.

　　양성자 붕괴의 증거를 찾기 위해서는 엄청난 수의 양성자를 모아 조사하는 실험을 아주 오랫동안 해야 한다. 하나의 양성자가 붕괴하지 않는 것처럼 보이더라도, 양성자의 수가 많아지면 그중 하나가 붕괴하는 것을 관측할 가능성이 높아진다. 물리학자들은 이를 위해 대량의 양성자을 조사할 수 있는 실험을 설계했다. 미국 사우스다코타 주의 광산에서 이루어진 실험이나 일본 카미오카 광산의 지하 1킬로미터에 감지기와 거대한 물탱크를 설치해 놓은 슈퍼 카미오칸데 실험이 그것이다. 오랜 노력 끝에 슈터 카미오칸데 실험은 성공하였고, 그 공로로 노벨 물리학상이 주어졌다.

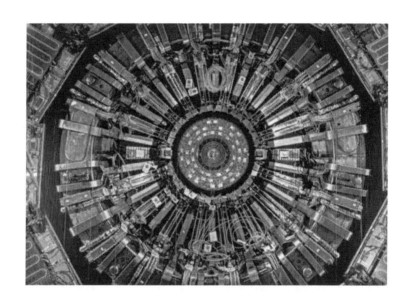

3. 아인슈타인의 어린 시절

1879년 독일 울름(Ulm)에서 태어난 알버트 아인슈타인(Albert Einstein)은 말 배우는 것이 늦었고 세 살이 되도록 말 한마디를 하지 못했다. 초등학교에 입학했을 때는 독일어가 어눌했으며 약간의 자폐성 증상이 있어 친구들로부터 왕따를 당했다. 혼자 재미없게 노는 아인슈타인을 본 그의 아버지는 아인슈타인에게 놀이기구로 나침반을 사주었다. 아인슈타인은 이 나침반을 가지고 놀면서 바늘이 항상 북쪽을 가리키는 것을 보고 신비함을 느꼈다.

학창 시절 아인슈타인은 학업 성적이 좋지 못했다. 독일의 경우 학생들을 담당하는 선생은 그 학생을 인문계로 보낼지 직업학교로 보낼지에 대한 어느 정도의 결정권이 있었다. 아인슈타인의 담임은 성적기록부에 아인슈타인에 대해 다음과 같이 기록했다. "이 아이는 추후에 어떤 것을 해도 성공할 가능성이 없어 보인다."

아인슈타인의 성적기록부를 본 그의 어머니는 아인슈타인에게 다음과 같이 말했다. "너는 다른 아이들이 가지고 있지 않은 장점이 있을 거야. 이 세상에는 너만이 할 수 있는 일이

너를 기다리고 있어. 그 길을 찾아가기만 하면 된다."

아인슈타인의 어머니는 아인슈타인이 남보다 모든 것을 잘하기를 바라지는 않았다. 그저 평범하면서도 남과 다른 재능 하나면 충분하다고 생각했다. 음악을 좋아했던 아인슈타인의 어머니는 처음에 아인슈타인에게 피아노와 바이올린을 가르쳤다. 유럽에서는 음악으로 성공할 수 있기 길이 많았기 때문이다. 하지만 아인슈타인은 처음에는 음악을 좋아하지 않았다. 1년 정도 배우다가 그만두어 버렸다. 그의 어머니는 아인슈타인에게 더 이상 음악을 강요하지 않았다. 몇 년이 지난 후 아인슈타인은 모차르트의 음악을 좋아하게 되었고, 그때 다시 어머니에게 바이올린을 배우기 시작했다.

아인슈타인이 열 살이 되었을 때 그의 집에 막스라는 의대생이 목요일마다 방문했다. 이는 유대인의 전통으로 가난한 대학생을 조금씩 지원하는 관습이었다. 아인슈타인의 아버지는 유대인의 전통을 따라 막스에게 약간의 재정적인 도움을 주었다. 막스는 자연에 대해 관심이 많았고 자연히 아인슈타인은 막스로부터 과학에 대해 대화를 나눌 수 있는 기회가 생겼다. 막스는 아인슈타인이 과학에 재능이 있다는 사실을 알아차리고 20권이 넘는 자연과학 시리즈 책을 가져다 주었다. 이는 아인슈타인이 과학의 길로 접어들게 되는 중요한 사건이 되었다. 막스는 아인슈타인이 12살이 되었을 때 함께 유클리드의 원론을 읽으며 아인슈타인이 기하학을 공부할 수 있도록 도움을 주었다.

아인슈타인이 16살이 되었을 때 그의 아버지의 사업은 급

격히 기울기 시작했다. 이로 인해 그의 가족은 독일에서 이탈리아의 밀라노로 이주하게 된다. 아인슈타인은 학교를 위해 혼자 뮌헨에 남았으나 언어와 역사를 비롯한 많은 과목에서 성적이 좋지 않아 학교를 중퇴했다. 그리고 학교를 떠나 밀라노로 갔다.

아인슈타인은 밀라노에서 대학을 가려고 했지만, 고등학교 졸업장이 없기에 입학을 할 수 없었다. 다시 스위스의 취리히 연방 공과대학에 지원했으나 역시 졸업장이 없어 떨어졌다. 하지만 아인슈타인의 수학 성적을 주목한 이 대학의 학장은 고등학교에서 1년을 더 공부하는 조건으로 조건부 입학 허가를 허락했다. 아인슈타인은 페스탈로치가 설립한 고등학교에서 1년간 공부를 하고 난 후 취리히 연방 공대에 들어갔다.

대학 시절 아인슈타인은 강의에 거의 들어가지 않았다. 그저 자신이 좋아하는 친구들과 토론을 하며 즐겁게 보냈다. 그는 다른 사람과 대화를 나누거나 책을 보다가 호기심이 생기면 본인이 상상하는 주제에 대해 스스로 빠져들어 깊게 생각하곤 했다. 어느 날 그는 갑자기 '사람이 빛의 속도로 날아가면 어떤 일이 생길까?' 하는 의심이 들었고 자신만의 상상의 나래를 펴며 혼자 생각하기 시작했다.

아인슈타인은 대학 시절의 성적이 너무 좋지 않아 취직을 할 수가 없었다. 우여곡절 끝에 보험회사에 취업을 했으나 바로 해고되었다. 그러다 친한 친구였던 아버지의 도움으로 스위스 베른에 있는 특허청에 간신히 취직을 할 수 있었다. 일종의 '낙하산 취업'인 것이었다.

아인슈타인은 특허청에서 일하는 동안 그가 생각하고 있던 '빛의 속도로 일정하게 운동'하는 것에 대해 더욱 깊게 생각하기 시작했다. 그리고 이 상상을 자신만의 논리로 구체화하여 논문을 작성했다. 이 논문이 바로 1905년에 발표된 '특수상대성이론'이다.

아인슈타인은 이 논문을 계기로 그동안 인류의 300년을 지배해 왔던 뉴턴의 절대주의 세계관을 붕괴시켰다. 그리고 인류를 새로운 패러다임인 상대주의 세계관으로 이끌게 되었다.

아인슈타인은 유대인이었기에 세계대전의 포화를 피해 미국으로 이주한다. 아인슈타인이 말년을 보낸 프린스턴 대학의 고등과학원(The institute for advanced studies)은 현재 전 세계 최고의 천재들이 모여서 연구하는 곳이 되었다.

우리의 인생은 그 누구도 예측할 수 없다. 어릴 적 많은 사람에게 인정을 받지 못했던 아인슈타인은 미국 타임이 선정한 20세기 인류에게 가장 영향을 미친 최고의 인물(Person of the century)로 선정되었다.

4. 암흑물질의 발견

1930년대 프리츠 츠비키는 지구로부터 약 370만 광년 떨어진 코마 성단의 외부를 이루고 있는 수천 개의 은하가 비정상적으로 움직이는 것을 발견하였다. 그에 따르면 가장자리에 있는 은하들은 자전거 바퀴에 붙어 있는 물방울들이 사방으로 튕겨 나가듯 흩어져야 했지만, 망원경에 잡힌 모습은 그렇지 않았다. 이들은 보이는 질량보다 훨씬 큰 중력이 작용하는 것처럼 한데 뭉쳐서 움직이고 있었던 것이었다. 츠비키는 빛을 발하지 않는 어떤 물질이 코마 성단에 있어 성단 전체를 강한 중력으로 묶어 놓고 있다고 주장하였는데, 이것이 옳다면 성단 대부분은 이러한 물질로 이루어져 있어야 했다. 그후 월슨산의 천문대의 싱클레어 스미스 역시 처녀자리 성단을 관측하다가 비슷한 결론에 이르렀다.

이후 30년이 지나 워싱턴의 카네기 과학원의 베라 루빈과 켄트 포드를 비롯한 천문학자들에 의해 츠비키와 스미스의 주장이 사실로 확인되었다. 루빈은 회전하고 있는 은하를 찾아서 별들의 움직임을 분석한 결과 만일 망원경에 보이는 것이 은하의 전부라면 회전하는 은하의 가장자리에 있는 별들은 바깥쪽으로 이탈되어야 한다는 결론에 이르렀다.

 이들에 의하면 망원경에 관측되는 별들의 질량만으로는 바깥쪽으로 달아나려는 별들을 붙잡아둘 정도로 강한 중력을 행사할 수 없었다는 것을 알게 되었다. 하지만 빛을 발하지 않는 물질이 은하 전체를 뒤덮고 있고, 이 물질의 총량이 은하 전체의 질량보다 훨씬 크다고 가정하면 가장자리의 별들이 은하에서 이탈되지 않는 이유를 설명할 수 있다고 주장하였다. 천문학자들은 이를 '암흑물질'이라고 이름을 붙였고, 이 물질은 방대한 공간에 걸쳐 퍼져 있지만, 별에 흡수되지 않고 따로 존재하고 있으며 자체적으로 빛을 발하지 않는다고 제안하였다.

 그렇다면 암흑물질의 정체는 무엇일까? 암흑물질은 무엇으로 이루어져 있을까? 일부 천문학자들에 의하면 암흑물질은 희귀한 입자나 블랙홀이라 주장하고 있지만, 아직까지 그 수수께끼는 풀리지 않고 있다. 하지만 지금까지 알려진 은하의 분포상태로부터 우주에 존재하는 암흑물질의 총량은 계산할 수 있다. 지금까지 알려진 바에 따르면 암흑물질의 평균밀도는 임계밀도의 약 25% 정도인데 여기에 빛을 발하는 전체의 밀도 5%를 추가하면 현재 우주의 밀도는 인플레이션 이론이 예측하는 밀도의 30% 정도라고 할 수 있다. 하지만 인플레이션 이론이 맞는다면 나머지 70%도 우주 어딘가에 반드시 존재해야만 한다. 우주는 아직도 풀리지 않는 이러한 비밀로 가득찬 보물 창고인지도 모른다.

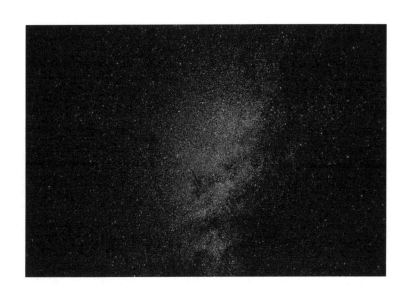

5. 에너지에서 질량으로

　아인슈타인의 에너지-질량 등가 원리는 질량과 에너지가 서로 교환 가능하다는 것을 말해주고 있다. 지구 위에 살고 있는 우리의 생존 여부는 사실 모든 생명의 원천인 태양으로부터 비롯된다. 태양 내이 수소의 존재가 핵융합 반응을 통해 에너지가 만들어지고 그 에너지가 지구로 오는 것이다. 이와 같이 에너지는 질량으로부터 생성된다. 하지만 에너지-질량 등가 원리는 이와 반대 방향으로 작동할 수도 있다. 즉, 에너지가 질량으로 바뀔 수도 있다.

　현대물리학의 끈이론에서 말하는 입자의 질량이란 진동하는 끈의 에너지에 해당된다. 예를 들어 한 입자가 다른 입자보다 무거운 이유는 무거운 입자를 이루는 끈이 가벼운 입자를 이루는 끈보다 더욱 강하고 격렬하게 진동하고 있기 때문이다. 진동이 강하고 격렬할수록 에너지는 커지고, 큰 에너지는 아인슈타인의 관계식을 통해 더 큰 질량에 대응된다. 이와 반대로 질량이 작은 입자는 그에 해당하는 끈의 진동이 그만큼 덜 격렬하다는 것을 의미한다.

　전기 전하와 스핀 등과 같은 입자의 다른 특성들은 끈이

겪고 있는 진동과 아주 미묘한 방식으로 관계되어 있다. 끈의 진동 패턴은 각 입자의 고유한 지문이라 할 수 있고, 우리가 입자들을 서로 구별하는 데 사용하고 있는 모든 특성들은 끈의 진동 패턴에 의해 좌우된다.

1970년대 초에 피에르 라몽을 비롯한 여러 물리학자들은 스핀이 다른 진동 패턴들 사이에 어떤 대칭성이 존재한다는 사실을 발견하였고, 이들은 진동 패턴이 항상 짝을 지어 나타나며, 한 쌍의 짝을 이루는 진동은 스핀이 1/2 단위로 차이가 난다는 것을 알게 되었다. 스핀이 1/2인 진동 패턴에는 스핀 0인 진동 패턴이 짝으로 대응되고, 스핀이 1인 진동 패턴에는 스핀이 1/2인 진동 패턴이 짝으로 대응되는 식이었다. 그 후 정수 스핀과 반정수 스핀 사이에 존재하는 대칭에는 '초대칭'이라는 이름을 붙였고, 초대칭이 도입된 끈이론을 '초대칭 끈이론'이라고 불렀다.

만일 끈이론이 옳다면 이는 실험실에서 발견된 모든 입자들의 특성을 나열할 뿐만 아니라 입자들이 그러한 성질을 가질 수밖에 없는 이유까지 설명할 수 있을 것이다. 그렇게 된다면 끈이론은 자연의 모든 법칙을 하나로 통일하는 이론이 될 수 있을 것으로 생각된다.

6. 블랙홀로의 여행

블랙홀은 중력적으로 붕괴된 별이다. 이 별은 이미 붕괴되어 버렸기 때문에 원래의 별에 대한 정보를 얻을 수 없다. 이것을 물리학자들은 "블랙홀은 털이 없다"라고 표현한다. 이는 블랙홀을 만든 별에 대한 어떠한 것도 알 수가 없다는 것을 뜻한다. 왜냐하면 블랙홀 밖으로 아무것도 나오지 못하기 때문이다. 하지만 블랙홀의 질량, 스핀 그리고 전하에 대한 것은 알 수 있다.

블랙홀이 된 원래 별의 중심핵에서의 물질은 자신의 무게로 인해 수축을 계속 일으켜서 무한히 압착된 점, 즉 부피가 0이며, 밀도가 무한대인 점이 된다. 이를 특이점(singularity)이라고 한다. 이 특이점에서는 시공이 존재할 수 없다. 우리가 알고 있는 물리 법칙도 성립되지 않는다. 우리하고는 완전히 다른 세계라 생각하면 된다. 그러나 밖에서 보면 블랙홀의 구조는 사건 지평선(event horizon)으로 둘러싸인 특이점으로 설명할 수 있다.

우주인이 만약 블랙홀로 떨어진다면 어떻게 될까. 계산에 의하면 사건 지평선에서 아주 멀리 떨어진 안전한 거리에 관측 장치를 놓고, 블랙홀 속으로 떨어지는 우주인을 우리가 관찰해 보면, 처음에는 무거운 별에 접근하는 것처럼 우주인이 빠르게 우리로부터 멀어져 간다. 그가 블랙홀의 사건 지평선에 가까워지면 블랙홀의 강력한 중력장으로 인해 우주인의 시간은 점점 느리게 간다. 상대성원리에 의한 효과 때문이다.

사건 지평선에 접근하면서 우주인이 자신의 시간으로 매초 한 차례씩 신호를 보낸다면, 우리가 받는 그 신호 간격은 점점 길어져서 우주인이 사건 지평선에 도달할 때에는 무한대로 길어지는 된다. 이렇게 시간 간격이 무한대로 접근하면서 우주인은 천천히 멈추어 사건 지평선에서 시간이 멈추어 있는 것처럼 관측된다. 하지만 우주인에게는 시간이 정상적인 비율로 흘러가고, 그는 블랙홀의 사건 지평선 속으로 낙하한다.

사건 지평선 밖에서 보는 우리와 사건 지평선으로 떨어지는 우주인이 서로 다르게 인식되는 것은 시간과 공간에 관한 아인슈타인의 상대성이론 때문이다. 이 이론에서 각 관측자는 자신의 기준계에 의존하는 세계에서 관측한다. 강력한 중력 속에 있는 관측자는 더 약한 중력을 받는 관측자와는 다른 시간과 공간을 측정하게 된다.

그렇게 사건 지평선 안으로 떨어진 우주인은 다시 사건 지평선 밖으로 되돌아 나오지 못한다. 빛도 빠져나올 수가 없는 블랙홀이 끌어당기는 상상할 수 없을 정도로 큰 중력 때문이다. 우리는 더 이상 우주인에 대한 그 어떤 정보도 얻을 수 없게 된다. 우리에게 우주인은 영원히 우주의 숨겨진 존재로 되는 것이다.

사건 지평선 안으로 빨려 들어간 우주인은 그의 발이 먼저 들어갔다고 가정하면 발에 작용하는 특이점의 중력은 그의 머리에 미치는 힘보다 커서 키가 늘어나기 시작한다. 또한 특이점은 하나의 점이기에 우주인의 왼쪽 몸은 오른쪽 방향으로 오른쪽 몸은 왼쪽 방향으로 당겨지면서 몸 양쪽이 특이점으로 가까워진다. 즉, 우주인의 몸은 한쪽 방향으로는 압착되고 다른 방향으로는 늘어난다.

우주인이 몸은 그렇게 늘어나면서 그의 몸이 찢겨지기 시작한다. 끔찍하게도 그의 다리는 몸으로부터, 발목은 다리로부터, 발가락은 발에서 떨어져 나가기 시작한다. 그리고 나서는 그의 찢긴 몸에서 나온 수많은 원자는 특이점을 향해 엄청나게 빠른 속도로 낙하하기 시작한다. 블랙홀로의 여행은커녕 우주인은 순식간에 죽음에 이르게 되는 것이다. 흔히 영화 장면에서 나오는 블랙홀을 통과했다가 다시 돌아온다는 것은 그저 영화일 뿐인 것이다. 현실에서는 결코 일어날 수 없다. 즉 블랙홀로의 여행은 생각할 필요도 없다. 곧 죽음이기 때문이다.

7. 반입자의 발견

영국의 물리학자 폴 디랙은 1928년 특수상대성이론과 양자 역학을 결합하여 디랙방정식을 만들어냈다. 이 방정식은 스핀이 1/2인 페르미온을 기술하는 것으로 전자와 같은 물질의 운동을 다룬다. 전자의 정지질량을 m이라 하고 이 디랙 방정식을 풀어 보면 그 해는 전자의 에너지가 전자의 정지질량 m에 빛의 속도 c의 제곱을 곱한 것보다 큰 것과 전자의 정지질량 m에 빛의 속도 c의 제곱을 곱한 것의 마이너스 값보다 작은 경우 두 가지로 구해진다. 첫 번째 경우는 양의 에너지 값으로 아인슈타인의 특수상대론과 일치하는 결과가 된다. 하지만 두 번째 것은 에너지가 음의 경우로서 당시 그 이유를 설명할 수 없었다. 음의 에너지를 상상할 수 없었기 때문이었다.

이에 디랙은 전자와 질량이나 스핀은 같지만 전하가 마이너스가 아닌 플러스 전하를 가진 반전자를 가정하면 이를 설명할 수 있다고 주장했다. 우리가 일반적으로 알고 있었던 전자의 전하는 마이너스이지만 전하가 플러스인 다른 전자가 존재한다는 것이었다. 즉 전자와 반전자는 전하만 반대인 쌍둥이 입자라는 뜻이다.

디랙의 이 주장은 당시 상당한 반향을 일으켰는데 실제로 이러한 반전자가 존재할지는 미지수였다. 1932년 칼 앤더슨은 우주에서 날아오는 빛인 우주선(cosmic ray)을 관측하던 중 전자의 반입자인 반전자(양전자로도 함)를 발견하게 된다. 이로써 디랙이 주장한 양전자가 존재한다는 것이 맞는 사실임이 확인되었다.

특이한 사실은 전자와 양전자 두 개가 서로 충돌을 하면 두 입자는 서로 소멸하여 사라져 버린다는 것이다. 질량을 가지고 있던 두 개의 입자가 만나는 순간 어디론가 없어져 버리게 되는데 이를 "쌍소멸"이라고 부른다. 전자와 양전자의 질량은 도대체 어디로 가버린 것일까? 그것은 전자와 양전자가 부딪혀 사라지면서 빛의 입자인 광자가 만들어진다. 광자는 질량이 없는 입자이다. 질량이 빛의 에너지로 변해 버린 것이다. 질량이 있는 입자가 공간에서 사라져 버린 반면 질량이 없는 빛으로 다시 탄생하는 것이다.

반대로 질량이 없는 빛의 입자인 광자 쌍이 충돌을 하면 질량을 가지고 있는 전자와 양전자로 생겨난다. 이를 "쌍생성"이라고 부른다.

어떻게 이러한 일이 가능한 것일까? 질량이 있던 입자들이 어느 순간 질량과 함께 사라져 버리고, 질량이 없던 빛의 입자가 어느 순간 질량이 있는 입자로 나타나게 되니 어찌 보면 일반적인 상식으로는 전혀 이해할 수 없는 일인 것이다.

우리가 가지고 있는 일반 상식이나 개념은 한계가 있다. 우리의 지식으로 이해할 수 없는 것은 우리가 몰라서 그렇지

이 자연에는 셀 수 없을 정도로 많다. 아인슈타인이 "신은 주사위 놀이를 하지 않는다." 는 말을 한 이유는 인류 역사상 가장 뛰어난 천재적인 과학자였던 그도 이러한 현상을 이해할 수가 없었기 때문이다. 물론 이 말이 그가 믿는 과학의 확실성을 주장하는 말이긴 하지만 그 뒷면에는 그도 이러한 현상을 받아들일 수가 없었기 때문이었다.

우리가 알고 있는 것은 사실 별 것이 없다. 자신이 많은 것을 알고 있고 자신이 항상 옳다고 생각하는 것 자체가 자신의 한계를 모른다는 것을 반증하는 것 밖에 되지 않는다. 이해할 수 없는 것은 그냥 받아들이면 된다. 반입자의 세계를 이해하려 하지 말고 그것이 자연이라고 그저 받아들이면 아무런 문제가 없는 것이다. 자신이 가지고 있는 확고한 관념 때문에 다른 것을 받아들이지 못한다면 자신의 세계가 그만큼 작다는 것임을 반입자의 세계를 통해 알 수 있는 것이다.

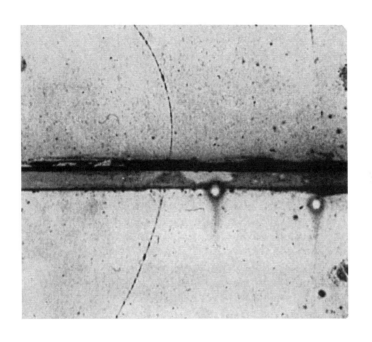

8. 중력파의 발견

1915년 아인슈타인의 일반상대성이론이 나온 후 중력파의 존재에 대해 예측하였으나 중력파와 물질과의 상호작용이 너무나 약해 아인슈타인 자신도 실험적 관측하기에는 너무나 어려울 것이라고 생각하였다. 그로부터 100년 후 2015년 드디어 중력파를 관측하게 되었다.

중력파란 크기가 너무 작아 그 신호를 직접 검출하는 것은 쉽지 않다. 중력파는 질량이 큰 별들에 의한 급격한 중력의 변화가 파동의 형태로 시공간을 거쳐 전파되어 나간다. 별들의 질량이 크면 클수록 더 강한 세기의 중력파를 만든다. 잘 알려진 중력파의 발생원은 쌍성계이다. 공전하는 별 사이의 거리와 회전 주기에 따라 발생하는 중력파의 주파수가 달라진다. 그 세기는 별까지의 거리와 질량에 의존한다.

다양한 중력파원을 발생하는 천체를 관측하는 것은 하나의 중력파로는 불가능하며, 발생하는 중력파의 주파수와 세기가 제각각 다르기 때문에 중력파 검출기에 최적화된 천체를 대상으로 하는 중력파원을 목표로 관측한다.

중력파의 검측은 실험적으로는 시작된 지 60년 만에 결과를 얻게 되었고 이 발견은 지난 100여 년의 과학사에 있어 가장 중요한 발견이라고 할 수 있다. 이에 중력파에 대한 논의가 시작되었던 때부터 실험적인 발견이 완성되기에 있어 수많은 과학자들의 노력과 땀으로 이루어졌기에 그 과정을 간략하게나마 살펴보는 것은 의미가 있을 것이다.

1905년 7월 프랑스의 과학자 앙리 푸앵카레는 중력은 공간을 통해 파동의 형태로 진행한다는 논문을 발표하였고 그는 이 파동의 이름을 "중력파"라 이름 지었고 이것이 중력파의 역사의 시작이라고 할 수 있다. 알버트 아인슈타인은 1905년 특수상대성이론을 발표한 이후 10여 년에 걸쳐 이 이론을 더 확장시켜 1915년 일반상대성이론을 완성하게 된다. 일반상대성이론은 중력에 대한 이론이지만 뉴턴의 그것과는 커다란 차이가 있다. 뉴턴의 중력 이론은 물질과 물질의 상호작용이라고 설명하지만 아인슈타인은 중력은 시공간의 곡률이며 이 곡률은 공간에 존재하는 물질에 의해 결정된다고 주장하였다.

아인슈타인은 일반 상대론을 완성한 후 푸앵카레가 주장한 바와 마찬가지로 중력파의 존재가 가능할 것이라고 추측하였다. 그는 가속된 전하에 의해 만들어지는 전자기파처럼 중력파도 가능할 것이라고 생각하였다. 그 후 아인슈타인은 그의 학생이었던 네이단 로젠, 레오폴드 인펠트와 함께 중력파의 수학적인 해를 찾으려 노력했고 많은 우여 곡절을 겪은 후 1936년 중력파의 존재를 확신하게 된다.

중력파가 이론적으로 존재 가능하다는 것이 알려지면서 실험적으로 그 존재를 증명할 필요성이 요구되었다. 중력파를 실험적으로 관측하는 데 있어서는 많은 어려움이 있었다. 가장 문제가 된 것은 실험적으로 측정 가능한 양을 계산할 수 있는 관측자가 어느 좌표계에서 있어야 하느냐 하는 것이다. 사실 물리학에서는 좌표계는 계산상 편리함으로 인해 선택된다. 실질적으로 관측자는 물체의 운동과 물체 자체의 시간과 상관없이 자신이 존재하고 있는 좌표계를 선택한다. 이러한 문제를 보정하기 위해 1956년 펠릭스 피라니는 "리만 텐서에 있어서 물리적 중요성"이라는 논문을 발표하게 된다. 이 논문은 중력파에 적용할 수 있는 물리적 관측 가능한 양에 대한 수학적 형식을 만드는 것에 대한 내용으로서 상당히 중요하다. 그는 이 논문에서 중력파는 공간을 통해 진행해 가면서 입자들을 앞과 뒤로 움직이게 한다고 논하였다.

그러는 사이 중력파의 논의에서 또 하나의 쟁점은 중력파가 에너지를 운반할 수 있는지에 관한 것이었다. 일반 상대론에 있어 시간은 좌표의 일부이고 그것은 위치와 관계하고 있다. 이는 에너지는 시간과 대칭성이 있다는 보존 원리와 상충하므로 에너지가 보존되지 않을 것으로 생각되지만 휘어진 시공간은 국소적으로는 편평하므로 에너지는 국소적으로 보아서는 보존된다고 생각하였다. 이 논의는 1950년대 중반까지 이어졌다. 이는 리차드 파인만에 의해 중력파는 에너지를 운반하는 것으로 결론 지어졌다.

1957년 미국 노스 캘로라이나의 차펠힐에는 중력파의 실험적 증명을 위해 이 분야의 전문가들의 모임이 있었다. 이 모임은 실질적인 중력파 검증의 시작이라 할 수 있어 의미가 있다. 이 모임에서 참석했던 요셉 웨버는 중력파의 실험적 관측에 대해 큰 관심을 갖고 이를 위해 어떤 실험적 기구들이 필요하며 어떻게 중력파를 실험적으로 증명해 낼지 연구에 몰입하게 된다. 1960년 그는 중력파의 실험적 관측에 관한 실질적인 논문을 발표하였다. 그는 이 논문에서 기계적인 장치에 유도된 진동을 측정하는 방법으로 중력파를 실험적으로 관측할 수 있을 것이라고 주장하였다. 그는 여기서 큰 금속의 원통형 바를 만들고 중력파에 의해 만들어지는 공명적 진동을 관측할 수 있을 것이라고 생각하였다. 그의 제안에 따라 1966년 원통형 바가 실질적으로 완성되었고 본격적인 중력파의 실험적 관측에 들어가는 계기가 마련되었다. 그는 많은 노력으로 1969년 중력파의 검출에 성공했다는 논문을 발표하였으나 다른 과학자들의 검증에 의해 실험에 문제 있음이 밝혀져 실질적인 중력파 관측으로 인정받지 못하였다.

그의 실패에도 불구하고 1970년대에 이르러 중력파의 실험적 관측에 대한 가능성이 열려 여러 대학과 연구기관에서 웨버의 실험을 개선하려는 많은 노력이 시작되었다. 실험적 개선을 위한 노력 중 가장 중요한 것은 간섭계로 인한 관측일 것이다. 레이저 간섭계를 이용한 중력파 검출에 대한 제안과 연구는 1960년대 시작되었다. 그 시도를 처음 한 것은 러시아 과학자 게르텐슈타인과 푸스토보이트였다. 그들은 마이컬슨의 간섭계의 구조가 중력파에 민감하게 작동하는 대칭성을 가지고 있다고 생각했다. 레이저를 이용하면 양쪽 팔의 길이가 10미터의 간섭계를 가지고 의 경로 차이를 측정할 수 있을 것으로 전망했다.

그 후 간섭계를 이용한 중력파 검출에 있어 중요한 공헌을 한 와이스는 중력파 검출의 실현을 위해 수 킬로미터의 팔을 가진 간섭계가 가져야 할 최적의 조건, 민감도, 이들을 나타내는 각종 잡음 원들의 분석을 수행했다. 와이스는 1972년 한 보고서에서 구체적으로 간섭계가 가지는 잡음 원들의 분석과 그 성능의 한계에 대해 논의하였다. 그는 중력파를 실제적으로 검출할 수 있는 3000억 원에 이르는 대규모 프로젝트를 생각하였으나 실현시키지는 못했다. 간섭계를 이용한 실험은 단색광 즉 동일한 파장을 지닌 빛을 레이저로 방출시켜 스플리터의 표면에 닿게 하고 이 스플리터는 일부는 반사시키고 일부는 통과시켜 통과된 빛과 반사된 빛이 각각 거울에 닿은 후 반사되어 간섭을 일으킨 후 검출 장치에 기록되는 장치이다. 실험 처음에는 두 개의 거울이 스플리터와 같은 거리에 위치시킨 후 나중에 거리를 약간 조정하면 간섭 된 빛의 세기에 변화가 생기고 이를 관측한다. 중력파가 이 간섭계를 통과하면 스플리터와 거울의 거리 조정에 의해 중력파가 있을 때와 없을 때의 빛의 세기에 차이가 생기게 되며 이는 중력파의 존재를 실험적으로 증명할 수 있도록 만드는 것이다.

이 장치는 중력파 검증에 있어 획기적인 아이디어가 되어 여러 연구기관에서 실행하였다. 일반적인 중력파의 진동수가 100Hz라면 간섭계의 길이는 약 750km가 돼야 하므로 아주 먼 거리를 두고 장비를 설치하여야 한다. 이 간섭계를 이용한 실험 장치는 웨버의 학생이었던 로버트 포워드에 의해 처음으로 설치되었다. 하지만 그 기기는 너무 작아 검출기로서 중력파를 발견할 수 있는 것은 아니었다.

1975년 실험 물리학자였던 레이 와이스와 중력에 대한 이론 물리학자인 킵 손은 중력파에 대해 공동으로 관심이 있어 같이 협력하기로 하고 중력파에 대해 이미 경험이 많은 전문가인 로날드 드레버를 같은 팀으로 참여시킨다. 그들은 칼텍과 MIT에 중력파 레이저 간섭계를 설치하고 운영하며 계속 발전시키고 보완시켜 나간다. 그러던 중 1983년 그들은 미국 과학 재단으로부터 1억 달러에 이르는 연구비를 책정 받아 반경이 수 km에 이르는 레이저 중력 검출 장치를 만들기에 이르는다. 이 프로젝트가 바로 "Caltech-MIT"라 불리는 LIGO (Laser Interferometer Gravitational wave Observatory)" 프로젝트이다.

LIGO 시스템

이 프로젝트는 앞의 세 사람 킵 손, 레이 와이스 그리고 로널드 드레버가 이끌었다. 허지만 와이스와 드레버의 의견이 많이 충돌했고 이견이 많아 나중에 보그크가 프로젝트의 단일 책임자로 고용되어 이 프로젝트를 지휘하게 되면서 1988년 본격적인 연구에 돌입하게 되었다. 연구하는 중간에 많은 우여곡절이 있었고 보그트가 사의를 표하고 드레버가 연구진에서 탈퇴하는 등 어려움이 많았지만 이런 커다란 프로젝트에 많은 경험이 있는 고에너지 입자 실험물리학자인 배리 바니쉬가 프로젝트의 책임을 맡게 되면서 LIGO 프로젝트는 본격적인 궤도에 올라 하나의 관측소를 워싱턴주 핸퍼드시에 하나는 루이지애나 주의 리빙스턴 시에 1997년에 설치를 완성하였다. 워싱턴 주의 핸퍼드와 루이지애나 주의 리빙스턴은 약 3,500km 정도 떨어져 있으며, 이 거리 차는 중력파가 쓸고 지나갈 때 약 100분의 1초의 시간 지연 효과를 만들어낸다. 라이고의 최종 공사비용은 2억 9200만 달러였고, 추후 업그레이드 비용으로 8,000만 달러가 들었다.

실험 장치들과 설비들이 계속 보완되고 발전되면서 2002년부터 본격적인 작동을 시작하게 된다. 2010년까지 8년 동안 실험이 진행되었지만 중력파 검출에 실패하면서 5년 정도 작동을 멈추고 모든 장치를 재점검하면서 업그레이드 작업을 하고 다시 관측에 들어가고 이후 얼마 지나지 않은 2015년 9월 18일 인류 최초로 중력파 관측에 성공하게 된다. 이 중력파는 태양보다 30배 무겁고 지구로부터 13억 광년 떨어진 두 개의 블랙홀끼리 충돌하면서 발생한 중력파였다. 관측 이후 진정한 중력파인지 검증 작업이 이루어졌고 이듬해인 2016년 2월 인류 최초로 중력파가 관측된 것이 증명되었다. 이는 이론적으로만 예견했던 중력파의 존재를 실험적으로 검출한 것이다. 이 중력파는 두 개의 블랙 홀로부터 기인한 것으로써 블랙홀의 존재를 증명한 것이기도 하다. 이는 쌍성 블랙홀이 서로 병합하여 하나의 블랙 홀로 만들어지는 과정에서 나타나는 중력파의 신호였다. 이 공로로 2017년 킵 손과 바니시 그리고 바이스는 노벨 물리학상을 수상하게 된다.

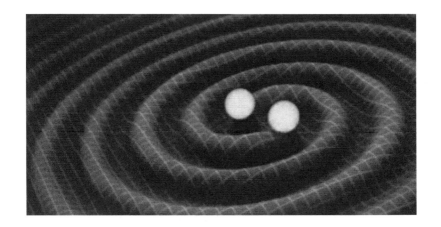

9. 사건 지평선

지구 중력의 인력을 벗어나기 위해서는 로켓이 지구 표면에서 아주 빠른 속력으로 발사되어야 한다. 만약 그 속도가 11km/s를 넘지 못하면 그 로켓은 다시 지구로 돌아오게 된다. 이러한 탈출 속도보다 큰 속도로 발사된 물체만이 지구를 떠날 수 있다.

태양의 경우에는 어떨까? 태양의 인력으로부터 벗어나기 위해서는 그 탈출 속력이 약 618km/s가 되어야 한다. 서울에서 부산까지 가는 데 1초도 안 걸리는 속도여야 한다. 태양을 압축시켜 지름을 줄이게 되면 어떻게 될까? 중력적 인력은 질량과 중심으로부터의 거리와 관계된다. 태양이 압축된다면 질량은 같지만 표면의 한 점에서 중심까지의 거리는 줄어들 수밖에 없다. 별을 압축하면 수축하는 표면에 놓여 있는 물체에 작용하는 중력은 더욱 강해진다.

태양이 수축해서 지름이 100km 정도 되면 그 중력적 인력을 벗어나기 위해서는 탈출 속력이 광속의 절반 정도가 되어야만 가능하다. 태양의 지름을 점점 더 작게 계속해서 압축을 하면 탈출 속력은 광속을 넘어야 가능하게 된다. 빛의 속도보다 빠른 것은 불가능하기에 이를 의미하는 바는 이러한 상황에서는 빛도 탈출을 할 수 없다는 결론이 나올 수밖에 없다. 즉 이렇게 큰 탈출 속력을 갖는 천체는 빛을 방출할 수도 없으며 그 곳에 떨어진 그 어떤 것도 그 별의 중력으로부터 벗어나 빠져나올 수가 없게 된다.

일반 상대성이론에서는 중력을 시공간의 곡률로 이해한다. 중력이 증가하면 곡률은 더 커지게 된다. 만약 태양의 지름이 약 6km 정도로 줄어들면, 표면에서 수직으로 내보낸 빛만 이탈하게 된다. 다른 방향의 빛은 다시 되돌아가서 태양으로 떨어지게 된다. 만약 태양이 이보다 더 줄어들게 된다면 그 어떤 빛도 빠져나올 수가 없다.

중요한 것은 중력이 빛을 잡아당기는 것이 아니라는 사실이다. 중력은 시공간을 휘게 만들고, 빛은 그 휘어진 경로로 이동할 수밖에 없는 것이다. 이렇듯 빛이 빠져나오지 못하는 상황이 되는 중력적으로 붕괴된 별이 바로 블랙홀이다. 아무것도 빠져나오지 못하게 되면서 모든 것은 블랙홀에 갇히게 된다.

별의 기하학적 구조는 탈출 속력이 광속과 같아지는 바로 그 순간에 외부 세계와는 단절될 수밖에 없게 되고 이 순간의 별의 크기는 사건 지평선(event horizon)이라고 부르는 표면으로 결정된다. 이 지평선 아래로는 어떤 일이 일어나는지 우리는 전혀 알 수 없게 되는 것이다.

사건 지평선은 블랙홀의 경계로 별 전체가 그 안으로 붕괴되면 더 이상 작아지지 않는다. 사건 지평선은 그 속에 갇혀 있는 것과 그 외부의 우주를 격리하는 영역이다. 무엇이든지 한번 밖에서 안으로 들어오면 그 안에 갇히게 된다. 지평선의 크기는 그 안에 존재하는 별의 질량에 의존하게 된다. 우리 태양의 질량인 경우 사건 지평선의 반지름은 약 3km 정도로 계산이 된다. 우리가 살고 있는 지구의 반지름은 약 6,400km 정도 된다. 만약 우리 지구가 별이라고 가정하고 블랙홀이 되려면 지구의 반지름은 포도 한 알 정도인 반지름 1cm 정도로 현재의 질량과 밀도를 유지한 채 줄어들어야만 가능하다.

우주 공간에 이러한 블랙홀이 정말 존재할 수가 있을까? 2020년 노벨물리학상은 우리은하에서 거대 질량의 블랙홀이 존재하는 것을 발견한 업적에 주어졌다. 블랙홀은 상상 속에 있는 것이 아니다. 우리가 살고 있는 이 우주 공간에 존재하고 있다. 자연은 우리가 상상하는 것보다 훨씬 엄청난 비밀을 간직하고 있다. 과학이 많이 발전했다 하더라도 우리가 알고 있는 것은 극히 일부에 불과할 뿐이다.

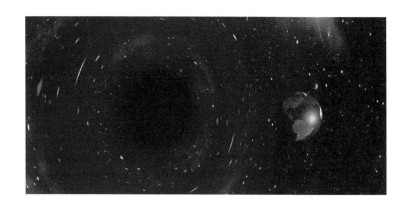

10. 힘의 전달

사람 간에 의사를 전달하기 위해서는 이를 가능하게 해주는 무언가가 필요하다. 예를 들어 언어를 통해 서로의 의사를 주고받을 수 있고, 손짓이나 얼굴 표정으로도 어느 정도 가능하다. 이렇듯 서로 간의 소통을 위해서는 이를 매개해 줄 수 있는 매개체가 있어야 한다.

자연에 존재하는 힘에 있어서도 마찬가지이다. 힘이 전달되기 위해서는 이를 가능하게 해주는 힘의 전달자가 필요하다. 가장 대표적인 힘으로 만유인력 즉 중력 상호 작용을 생각해 보자. 중력은 우리에게 알려진 네 가지 힘, 즉 중력, 전자기력, 강한 상호작용, 약한 상호 작용 가운데 제일 힘의 세기가 약하다.

중력이 전달되기 위해서는 중력자 흔히 그래비톤(graviton)이라는 것이 있어야 한다. 그런데 중력이 아무리 작다고 할지라도 이를 전달하기 위해서는 중력자 수십억하고도 또 수십억 개가 참여한다. 중력자의 효과는 집단적으로 경험할 수 있을 뿐 중력자 하나는 경험할 수 없다.

비록 중력이 약하다 할지라도 우리가 이를 느낄 수 있는 것은 중력은 늘 인력으로만 작용하고 있기 때문이다. 이로 인해 가장 약하다는 중력이 우리를 지구 위에서 생활할 수 있도록 해주며 지구가 태양 주위를 돌 수 있는 것이다. 만약 중력이 전기력처럼 인력과 척력이 존재한다면 우리가 현재 겪는 일상생활은 불가능하게 된다.

중력 다음으로 약한 힘은 약한 상호 작용인데 이것은 방사능 핵에서 전자가 방출될 때나 기타 중성미자를 동원하는 다양한 변환을 일으킨다. 이러한 약한 상호 작용을 전달해주는 전달자는 W입자와 Z입자이다. 이들은 양성자보다 약 80배 무거운 입자들이다.

이탈리아 과학자 엔리코 페르미는 1934년 베타 붕괴 이론을 연구할 때 양성자, 중성자, 전자, 중성미자 사이에 직접 약한 상호 작용이 일어날 것이라고 생각했다. 하지만 이후 얼마간 물리학자들은 하나 이상의 매개 입자가 과정에 관여할 것이라고 추측했다. 중성자가 중성자인 순간, 중성자가 사라져서 양성자, 전자, 반중성미자가 등장하는 순간 사이의 아주 짧은 시간에 존재하는 입자가 있다고 생각했다. W입자와 Z입자는 1983년 제네바에 있는 유럽 입자물리연구소에서 발견되었다.

전자기 상호 작용을 매개하는 입자는 바로 광자이다. 1905년 아인슈타인이 광자를 연구한 이래 물리학자들은 광자를 전자 및 양전자와 연결하여 양자전기역학이라는 이론을 만들어 냈다. 광자는 질량이 없고 크기도 없는 기본 입자로서 전자기력의 전달자의 역할을 도맡아 하고 있다.

일본인 과학자 유카와 히데키는 매개 입자의 덩치가 클수록 매개 입자가 힘을 미치는 영역이 작아진다는 것을 알아냈다. 따라서 매개 입자가 점점 커지면 커질수록 그 힘은 점점 약해지며 그 힘이 미치는 범위는 점점 짧게 된다. 1970년대 압두스 살람, 스티븐 와인버그, 셸던 글래쇼우는 약한 상호 작용과 전자기 상호 작용은 한 상호 작용이라는 아이디어를 제안했다.

이들은 두 상호 작용의 핵심적 차이는 힘 전달자의 속성 차이일 뿐이라고 주장했다. 전자기력은 먼 범위까지 미치는 것은 전달자가 질량이 없는 광자이기 때문이다. 약한 상호 작용은 짧은 범위에 미치고 상대적으로 약하므로 그 힘의 전달자가 굉장히 커야 한다. W입자와 Z입자의 발견이 이들의 이론이 맞음을 확인시켜 주었다.

강한 상호 작용에서의 힘의 전달자는 바로 글루온이다. 전기적 전하는 띠고 있지 않지만 기묘한 조합의 색 전하를 가지고 있다. 예를 들어 파랑-반빨강, 빨강-반초록등과 같이 색-반색이라는 특이한 여덟 가지 종류의 조합이 존재한다. 글루온과 상호 작용하는 쿼크는 그때마다 색이 변한다.

글루온의 강한 힘에는 아주 놀라운 측면이 있는데, 중력이나 전자기력과는 다르게, 글루온의 인력은 거리가 멀어질수록 증가한다. 글루온은 쿼크나 다른 글루온이 경계를 벗어나지 못하게 감시하며, 멀어질수록 세지는 힘을 통해서 어떤 입자도 밖으로 나가지 못하도록 한다. 반대로 말한다며 이들은 가까워질수록 자유롭다. 이를 점근적 자유성이라고 한다. 우리 사람들은 대부분 가까워질수록 자유롭게 내버려 두지 않고 서로 더욱 구속하려고 하는 경우가 많은데 이와는 반대인 것이다.

11. 최초의 핵폭탄

1942년 8월 미국 뉴욕 맨해튼에 소재하고 있던 미 육군 지부에는 인류 최초로 원자로를 개발한 페르미를 비롯한 당대 최고의 물리학자들이 비밀리에 모였다. 이 모임을 책임지고 있던 자는 당시 미국 루스벨트 대통령의 비밀 지령을 받은 미 육군 준장 레슬리 그로브스(Leslie Groves)였다. 루스벨트는 그로브스에게 영국과 캐나다의 지원 아래 핵에너지를 군사적으로 개발하라는 일급 비밀 명령을 내렸던 것이었고 이에 그로보스는 가장 핵심적인 인물을 먼저 맨해튼으로 소집했었던 것이다.

루스벨트 대통령이 이러한 결정을 할 수 있게 된 것은 아인슈타인과 페르미를 비롯한 과학자들이 보낸 편지가 결정적 역할을 하게 된다. 아인슈타인은 자신의 상대론에서 유도된 질량 에너지 등가 원리가 만약 당시 발견되었던 핵분열에 응용이 된다면 무서운 군사적 무기가 될 수 있을 거라는 생각을 했다. 당시는 제2차 세계대전 중이었고 히틀러의 나치 정권이 이러한 무기를 먼저 손에 넣는다면 그가 세계를 정복하는 것은 그리 어렵지 않을 것이라 생각했다. 페르미 또한 핵물리학의 가장 뛰어난 전문가였고 무솔리니 독재 치하였던 이탈리아를 탈출했기에 이를 충분히 공감하고 있었다.

페르미는 아인슈타인이 가지고 있었던 위상과 신뢰도는 백악관에 있는 사람들을 움직일 수 있을 것이라 생각하여 아인슈타인에게 루스벨트 대통령에게 편지를 보내자고 먼저 제안했다. 이에 공감한 아인슈타인은 페르미를 비롯한 다른 저명한 물리학자들까지 포함하여 루스벨트 대통령에게 편지를 보냈고, 이 편지는 1939년 10월 11일 백악관의 루스벨트 대통령에게 전달된다.

이 편지를 읽은 루스벨트 대통령은 그 심각성을 곧바로 인식할 수 있었고, 히틀러에게 전쟁의 주도권을 뺏기지 않기 위하여 곧장 핵에너지를 군사적으로 활용할 수 있는 위원회를 조직하라고 명령한다. 곧이어 미국의 육군과 해군은 1940년 이러한 프로젝트를 바로 출범시켰고 이에 따라 그로브스가 맨해튼에 물리학자들을 비밀리에 소집시켰던 것이다.

아인슈타인은 이미 나이가 너무 많았고 전공도 핵물리학이 아니었기에 실질적인 역할은 페르미가 적당하였지만, 그는 이탈리아에서 미국으로 온 지 얼마 되지 않아, 당시 캘리포니아 공과대학에 있던 물리학자 로버트 오펜하이머가 이 연구의 총책임을 맡게 된다.

이렇게 시작된 "맨해튼 프로젝트"는 오펜하이머의 책임하에 미국 뉴멕시코의 사막에 새로 만들어진 로스앨러모스 국립 연구소에서 극비리에 핵무기의 개발에 들어간다. 우선 오펜하이머는 이 프로젝트를 빠른 시간에 성공시키기 위해 미국 전역에 흩어져 있던 당대 최고의 물리학자들을 비밀리에 모이게 한다. 그들이 몸담고 있었던 대학이나 연구소에서는 이유 없이 최고의 학자들이 갑자기 사라지는 사건이 발생한다.

이때 소집된 물리학자는 핵분열 연쇄 반응으로 인류 최초로 원자로를 만들었던 엔리코 페르미를 비롯해, 1939년 태양의 핵융합 과정을 해결하였던 한스 베테, 핵붕괴 반응의 이론적 계산의 전문가였던 에드워드 텔러, 우라늄 238에서 우라늄 235를 추출하는 방법을 개발한 윌러드 리비, 페르미와 함께 핵분열 연쇄 반응의 석학이었던 레오 실라드, 중수소를 발견하여 핵분열의 과정을 연구한 해럴드 유리, 그 외에도 훗날 미국의 가장 유명한 물리학자로 성장하는 젊은 리차드 파인만과 줄리안 슈빙거도 포함되어 있었다. 이들 중 대부분은 이미 노벨상을 받았거나 훗날 받게 되는 천재 중의 천재들이었다.

페르미를 중심으로 그들은 일단 제어 가능하고 핵반응에 필요한 중성자를 계속 자급할 수 있는 연쇄 핵반응을 만들어내는 임무를 부여받았고, 비밀리에 이를 성공시킨다. 그런 후 미국 테네시주 오크리지에는 약 5,500백만 평 규모의 비밀 시설이 들어서게 된다.

그리고 그들은 폭탄에 사용할 우라늄 235와 플루토늄 239의 정확한 양을 결정하는 계산에 성공하였고, 2년 만에 최초의 원자폭탄을 만들기에 충분할 만큼의 핵분열 물질을 생산할 수 있게 된다. 이들이 만들어 낸 폭탄은 길이 1.8m, 지름 60cm, 무게는 4톤이었으며 그 안에는 그들이 정확하게 계산한 플루토늄 239가 들어 있었다. 이것이 바로 인류가 최초로 만든 핵폭탄이다.

이것은 루스벨트 대통령의 비밀 명령에 따라 1945년 7월 16일 뉴멕시코주 앨라모고도 공군 기지에서 실험하게 된다. 이 실험의 통제실은 폭탄으로부터 16km나 떨어진 위치에 있었고, 벙커와 엄폐물로 가려진 채 이를 개발한 연구진들은 그 폭발 과정을 지켜보고 있었다. 엄청난 굉음과 함께 폭발한 이 최초의 핵폭탄의 주위에는 커다란 버섯구름이 피어올랐고 폭발 위치의 반경 수 km를 완전히 폐허로 만들어 버렸으며 16km나 떨어진 통제실에 있던 사람들로 그 충격파로 인해 뒤로 나동그라졌다. 폭탄이 폭발한 장소에 있었던 철탑은 완전히 녹아 증발해 버렸으며, 사막이었던 그 주위의 모래는 모두 녹아 유리가 되어 버렸다.

이 실험이 성공한 후 3주 후인 1945년 8월 6일 오전 8시 15분 미국의 B29 전폭기는 '리틀 보이'라는 핵폭탄을 히로시마 상공에서 떨어뜨린다. 이 리틀 보이는 지상에서 약 550m 상공에서 폭발하였고 히로시마 도시 전체의 3분의 2를 잿더미로 만들어 버렸으며, 히로시마 인구 35만 명 중 14만 명이 사망했다. 3일이 지난 8월 9일에는 또 다른 B29 전폭기가 일본 나가사키에 원자 폭탄 하나를 더 떨어뜨렸고 27만 명 주민 중 7만 명이 사망했다. 일본은 6일이 지난 1945년 8월 15일 무조건 항복을 선언하며 세계 2차 대전은 이렇게 끝나게 된다.

　아인슈타인은 이 일을 그의 여생동안 후회했다고 한다. 화합 결합의 본질을 해결해 1954년 노벨 화학상을 받았고, 2차 대전 후 핵무기 확산 운동을 전 세계적으로 벌여 1962년 노벨 평화상을 받은 캘리포니아 공과대학의 라이너스 폴링에게 아인슈타인은 이렇게 말했다. "내 삶에 있어서 가장 치명적인 실수는 루스벨트 대통령에게 원자폭탄을 만들라고 부추기는 편지에 서명한 것일세." 아인슈타인은 다른 글에서도 자신의 심정을 다음과 같이 토로했다. "인류 역사상 가장 무섭고 극악무도한 무기를 만드는 일에 참여했던 물리학자들은 죄책감은 말할 것도 없고 그 책임감 때문에 평생 고통받고 있다."

아인슈타인이 루스벨트 대통령에게 편지를 쓸 당시의 상황을 보면 그는 자신의 생각이 논리적이라 판단했었던 것으로 보인다.

"우리는 인류의 적들이 우리보다 앞서 그 무기를 개발하도록 두어서는 안 된다는 생각에 신무기를 만들었다. 나치 추종자들의 정신 상태를 보건대 그들의 손에 그 무기가 들어간다는 것은 상상할 수 없는 파괴와 남아 있는 모든 세상이 노예가 된다는 것을 뜻했기 때문이다. 우리는 평화와 자유를 위한 투사로서, 인류 전체를 책임지는 수탁자로서 미국과 영국의 손에 그 무기를 전달했다."

인류 최초의 핵폭탄은 그렇게 만들어졌고 사용되었다. 그로 인해 세계 2차 대전은 끝이 났다. 전쟁은 비록 끝이 났지만 70년이 지난 현재에도 전 세계의 여기저기에서는 아직도 전쟁이 일어나고 있고 진행 중이기도 하다.

인류에게 있어서 전쟁은 잠시 끝날지는 모르나 평화는 오지 않는다. 그것이 역사이고 그 역사는 지금까지 반복되고 있다. 그 역사의 반복은 아마 인류가 지구상에서 멸종될 때까지 계속될지도 모른다.

12. 영원한 수수께끼

　무한대에 가까운 드넓은 우주는 어떻게 탄생하였을까? 현대 우주론의 풀어낸 우주 탄생의 원인은 대폭발 이론이다. 우주는 태초에 커다란 폭발이 있었고 그로 인해 현재까지 계속해서 팽창해 가고 있다는 것이다. 지난 세기 대폭발 이론에 대한 많은 논쟁이 있었지만, 천문학이나 물리학에서의 연구에 의해 대폭발 이론을 증명할 수 있는 많은 결과를 얻어낸 것도 사실이다. 그렇다면 우주가 처음 생겨났을 당시의 대폭발은 어떻게 해서 시작되었던 것일까?

　서구 문화에서 가장 영향력을 많이 끼친 아리스토텔레스는 우주가 원래부터 존재해 왔다고 주장했지만, 우리가 알고 있고 경험한 사실로 볼 때 우주의 모든 물리적 현상은 원인이 있어야 하며 물질을 비롯해 에너지가 저절로 생겨날 수 있음을 증명하는 그 어떤 과학적 사실은 발견되지 않았다. 아인슈타인의 질량-에너지 등가원리마저도 질량과 에너지는 서로 교환될 수는 있지만, 이 원리가 에너지와 물질이 무에서 창조된다는 것을 뜻하는 것은 아니다. 따라서 우주는 원래부터 현재의 상태로 존재할 수 없었다. 결국 우주는 과거 그 어떤 시점부터 시작이 있어야만 하고 그렇게 존재하여 현재에 이른 것일 수밖에 없다.

그렇다면 그 우주의 시작 즉 현대 우주론이 말하고 있는 대폭발의 원인은 무엇일까? 다시 말해 우주가 시작할 수 있게 되는 그 태초의 원인은 무엇일까? 이를 간단히 '우주의 씨앗'이라 표현해 보고 이에 대해 생각해 보자.

현재 일부 과학자들은 우주의 그 씨앗은 대폭발 이전부터 존재했었다고 주장하기도 한다. 그렇다면 그 씨앗은 도대체 어디서부터 왔다는 것일까? 또 다른 일부 과학자는 우주의 씨앗의 원인이나 우주의 씨앗 그 자체가 어떤 초월적인 존재이거나 초자연적인 힘이었다고 주장하기도 한다. 그뿐만 아니라 다른 일부 과학자들은 우주가 시작되던 당시에는 시간, 공간. 물질이 없었기 때문에 우리가 현재 알고 있는 물리적 법칙을 적용할 수 없다고 말하기도 한다.

하지만 우주가 시작되고 나서 현재까지 약 140억 년이 흐르는 동안 우리가 알고 있는 물리적 법칙이 온 우주에 적용되어 온 것 또한 사실이다. 그렇다면 우주가 시작된 그 순간 갑자기 어떤 보편적인 법칙이 바뀌어 버렸다는 말인가?

고대의 수많은 창조 신화나 현재의 많은 종교에서 말하고 있는 우주 탄생의 순간은 그야말로 엄청나게 다양하다. 하지만 현재의 과학과 비교해 보면 그 차이는 너무나 크다는 것 또한 엄연한 사실이다.

그렇다면 우리는 이러한 우주의 시작인 태초 대폭발의 원인을 어디서 찾아야만 하는 것일까? 다른 것은 둘째치고 과학의 범위에서만이라도 그 해답을 찾을 수는 있는 것일까?

스티븐 호킹은 그의 책 〈시간의 역사〉에서 다음과 같은 말을 한다. "과학의 역사 전체는 모든 시간은 임의의 방식으로 일어나지 않으며 겉으로 드러나지 않는 질서를 반영한다는 사실을 천천히 깨닫는 과정이었다. 그 질서는 신성한 존재에 의해 만들어진 것일 수도 있지만 그렇지 않을 수도 있다. 이 법칙들은 애초에 신에 의해 정해졌을 수도 있다. 그러나 그렇게 정해 놓은 후로 신은 우주가 그 법칙에 따라 스스로 진화하도록 내버려 두었으며 이제는 더 이상 관여하지 않는 것으로 보인다."

어쩌면 신은 우주 탄생의 비밀을 영원히 우리 인간에게 가르쳐 주지 않으려고 처음부터 작정을 했는지도 모른다. 왜냐하면 그렇게 함으로써 인류는 그 해답을 찾기 위해 끊임없는 노력을 하여야만 하고 그러한 과정에서 한계가 없는 무한한 발전을 이루어 낼 수 있게 될지도 모르기 때문이다. 만약 언젠가 그 답을 알게 된다면 인류는 더 이상 심오한 문제를 풀 것이 없기에 거기서 우리 인간의 성장이 멈추어 버릴지도 모르기 때문이다. 즉 인간이란 어떤 완성되어 있는 답을 찾아가는 존재가 아닌 시간이 흐르면서 영원히 되어 가는 존재이길 신이 원하고 있는지도 모른다. 그렇기에 인류는 끊임없이 자신을 성장시키고 발전시켜 자신의 도달할 수 있는 곳이 어디인지는 모르나 가능한 곳까지 갈 수가 있는 것이다.

현재 알려져 있는 최첨단의 과학기술이라 할지라도 우주

탄생의 비밀을 완벽하게 풀어낼 것이라고는 감히 장담할 수 없다. 즉 이 문제는 영원히 풀지 못하는 문제이며 그 문제를 푸는 과정이 인류 전체의 발전에 오히려 더 많은 도움이 될 수가 있다. 그 답이 중요한 것이 아니라 그 답을 찾아가는 우리의 노력이 더 위대할 수가 있다는 말이다. 그렇기에 우주가 어떻게 탄생했는지, 대폭발의 원인이 무엇인지는 답이 없는 문제일지도 모른다. 다시 말하면 이것은 영원히 풀리지 않을 수수께끼라는 것이다. 이 수수께끼는 신이 우리에게 준 아름다운 선물일지도 모른다.

13. 에드윈 허블

　시카고 대학을 졸업하고 나서 영국 옥스퍼드 대학의 장학생으로 법학 공부를 끝내고 미국으로 돌아온 허블은 1913년 켄터키주에서 변호사를 개업했다. 당시 영국에서 유학까지 하고 온 터라 그의 앞길은 탄탄대로가 기다리고 있던 것이나 마찬가지였다.

　하지만 그는 대학 시절 공부했던 물리학과 천문학에 대한 애정을 버리지 못한 나머지 1917년 잘 나가던 변호사 사무소의 문을 닫고 다시 시카고 대학으로 돌아가 천문학으로 학위를 마친다. 이후 그는 캘리포니아의 윌슨산 천문대의 연구원으로 취직을 했다. 도시에서 멀리 떨어진 산꼭대기에서 밤마다 자신이 좋아하는 별과 은하를 마음껏 관측하며 시간을 보내던 중 그는 천문학 역사에서 가장 위대한 법칙을 발견하게 된다.

　당시 윌슨산 천문대에는 전세계에서 가장 큰 지름 2.5m짜리 망원경이 있었는데 허블은 이 망원경으로 안드로메다 은하가 가스와 먼지뿐만이 아닌 수십억 개의 별들로 이루어져 있고 안드로메다 은하는 우리은하가 아니라는 것을 알게 된다.

또한 1923년 허블은 안드로메다 자체가 또 다른 은하이며 우리 은하로부터 약 200만 광년 떨어져 있음을 관측을 통해 알게 되었다. 1927년 그는 윌슨산 천문대에서 관측한 자료와 천체들에서 오는 빛스펙트럼의 자료를 바탕으로 우리로부터 멀리 떨어진 은하의 적색편이는 지구로부터의 거리에 비례하여 증가한다는 것을 발견한다.

이것은 사실 도플러 효과를 이용한 것이었는데, 도플러 효과란 소리의 경우 음원이 그 소리를 듣는 사람에게 가까워질수록 소리는 커지고 멀어질수록 작아지는 현상을 말한다. 빛도 일종의 파동이므로 이러한 도플러 효과를 천체에서 나오는 빛에 적용할 경우 어떠한 천체가 우리로부터 멀어지면 적색 쪽으로 편이가 일어나고 가까워지면 청색 쪽으로 편이가 일어나게 된다.

허블은 우리에게 멀리 떨어져 있는 은하들에서 오는 스펙트럼으로부터 적색편이를 관찰할 수가 있었고 이러한 자료를 거리를 기준으로 계산해 보니 멀리 있는 천체일수록 더 빨리 우리로부터 멀어져가는 것을 발견하게 된다.

이것이 뜻하는 바는 멀리 있는 별이 우리를 기준으로 더 빨리 후퇴한다는 것으로 우주가 점점 더 팽창하고 있음을 의미하는 것이었다. 이것이 바로 천문학의 역사에서 가장 중요한 허블의 법칙이다.

허블이 이 법칙을 발견하기 전까지만 하더라도 우주는 항상 그 자리에 존재하는 것이라 믿고 있었다. 아인슈타인마저 그의 일반상대성이론에서 우주는 동적일 수 없으며 정적인 우주여야 하기의 그의 우주의 구조를 서술하는 장방정식에서 우주상수항을 추가했었다.

하지만 허블의 법칙은 그 당시 알려져 있었던 우리의 우주에 대한 상식을 완전히 뒤집어 놓는 결과가 되었다. 그리고 그는 자신의 관측된 자료를 바탕으로 우주가 어느 정도의 **빠르기**로 팽창하고 있는지를 계산해 보았다. 놀라운 사실은 그 우주 팽창의 속도가 어마어마하다는 것이었다. 예를 들어 큰 곰자리 은하단은 초속 약 42,000km 즉 시속으로 따진다면 약 1,500만 km이며 이는 빛의 속도의 약 14%에 해당하는 엄청난 **빠르기**였다. 이를 우주의 가장 바깥쪽에 존재하는 은하들에 적용해 볼 경우 그 속도는 초속 252,000km이며, 이는 빛의 속도의 약 84% 해당하는 숫자이다.

이 허블의 법칙의 발견으로 말미암아 인류는 진정으로 우주를 이해할 수 있는 단계로 뛰어오르게 된다. 사실 도플러 효과는 중학교 정도의 교과서에 나오는 아주 기본적이고 평범한 과학 상식에 해당하는 데 허블은 이를 바탕으로 우주 전체의 엄청난 비밀을 풀어낼 수 있었던 것이었다. 허블의 법칙 이후 현대 우주론은 그야말로 괄목할 만한 발전을 하게 된다.

1920년 당시 미국은 영국에서 유학을 하고 돌아온 경우 많은 혜택과 함께 돈도 많이 벌 수 있고 사회에서 인정도 충분히 받을 수 있는 분위기였다. 하지만 허블은 당시 그 사회에서 많은 사람들이 부러워하는 길을 가지는 않았다. 이미 변호사를 개업했고 나이가 많았음에도 불구하고 진정으로 자신이 평생을 하고 싶은 것이 무엇인지 스스로 물어본 후 자신이 가지고 있었던 모든 기득권을 포기했다. 그리고 처음부터 다시 자신의 길을 걸어갔다. 시작은 너무 늦었고 돈도 많이 벌 수 있는 상황도 아니었지만, 그는 자신이 진정으로 좋아하고 하고 싶은 일에 자신의 에너지를 쏟았다. 이것이 바로 천문학의 역사에서 가장 위대한 과학적 사실인 우주가 어떻게 팽창되는지를 발견하게 된 이유였던 것이다.

14. 양자 역학의 탄생

300년을 지배해 왔던 뉴턴의 물리학은 1900년대가 시작됨과 더불어 양자 역학과 상대성이론으로 대체 된다. 상대성이론은 아인슈타인 혼자서 시작해 혼자서 끝냈다. 하지만 양자역학은 많은 천재 물리학자들의 노력으로 이루어졌다. 양자역학은 어떻게 시작이 되었던 것일까?

양자역학의 역사는 독일의 막스 플랑크로부터 시작된다. 막스 플랑크는 1858년 독일의 킬에서 태어났다. 그는 뮌헨의 맥시밀란 김나지움을 다녔는데 그곳의 교사였던 헤르만 뮐러에 의해 과학에 흥미를 갖기 시작했다. 뮐러로부터 에너지 보존에 관한 원리를 배우면서 절대적이고 보편적으로 성립하는 물리 법칙이 있다는 사실에 플랑크는 크게 감명을 받고, 그는 자연의 절대적이거나 기본적인 법칙을 찾는 일이야말로 과학자가 해야 할 사명이라고 생각하였다.

김나지움을 졸업한 뒤에, 그는 뮌헨 대학교와 베를린 대학교에 다녔고 그곳에서 물리학과 수학을 배웠다. 특히 그는 베를린에서 헤르만 헬름홀츠와 구스타프 키르히호프와 같은 당대의 세계 최고의 학자들에게 물리학을 배웠다. 이들로부터 플랑크는 열역학에 크게 관심을 갖게 되었다.

19세기 말 고전 물리학이 당면한 하나의 어려움은 뜨거운 물체가 방출하는 복사의 성질을 조사하면서 드러났다. 당시 복사를 이루고 있는 파장을 분리해 내는 분광기가 뜨거운 고체나 별들에서 나오는 복사를 연구하는데 이미 광범위하게 사용되고 있었다. 밝게 빛나는 기체로부터 나오는 빛의 스펙트럼은 선명하게 밝은색을 띤 불연속적인 몇 개의 띠들로 이루어졌음은 이미 알려졌다. 가열하면 빛을 내는 고체에서 나오는 빛의 스펙트럼은 빨간색에서 보라색에 이르기까지 연속적으로 분포한다. 이 두 종류의 스펙트럼에 관해서 많은 의문이 제기되었다. 물리학자들은 동시에 알려진 기본 물리 법칙들을 이용하여 이 의문의 대답을 유추하려고 하였다.

뜨거운 고체나 밝게 빛나는 기체에서 나오는 복사의 성질은 그 물체의 성질뿐 아니라 물체의 온도에도 의존하는 것처럼 보였다. 맥스웰의 전자기 이론에 의하면 복사는 전자기 현상에 속하므로, 물리학자들은 전기와 자기 법칙들과 열역학 법칙을 뜨거운 물체와 밝게 빛나는 기체에 제대로 적용하면 실험으로부터 제기된 의문들에 대한 해답을 얻을 수 있으리라고 확신했다.

키르히호프는 1860년 열역학에 의해 주어진 온도를 갖는 물체의 표면 $1cm^2$에서 복사를 방출하는 비율과 흡수하는 비율 사이를 연관 짓는 중요한 법칙을 발견했다. 키르히호프는 복사를 곧바로 반사하는 표면과 복사를 흡수하는 표면을 엄밀히 구별했다. 이 두 성질은 동시에 존재할 수 없음이 명백하다.

만일 한 표면이 그곳에 와 닿는 복사 대부분을 흡수한다면, 흡수되지 않은 극히 일부분의 복사만 반사될 수 있을 것이며 그 반대도 마찬가지이다. 이때 두 극단적인 경우로, 와 닿는 모든 파장을 반사하고 하나도 흡수하지 않는 완전한 반사체와 모든 파장을 흡수하는 완전한 흡수체이다. 완전한 반사체를 백체라고 하며 완전한 흡수체를 흑체라고 한다.

흑체복사의 문제는 빈(W. Wien), 레일리(J. Rayleigh), 진스(J. Jeans) 같은 학자들에 의하여 다루어졌다. 하지만 고전역학이나 전자기학의 이론을 이용하여 흑체복사를 설명하려는 시도는 모두 실패하고 말았다. 어떤 온도에서 물체가 내는 전자기파의 파장과 세기를 조사해 보면 모든 파장에 따라 세기가 달라진다.

물체가 내는 전자기파의 세기는 어떤 파장에서 최대가 되고 그 파장보다 길거나 짧아짐에 따라 세기가 약해진다. 그리고 세기가 최대가 되는 전자기파의 파장은 온도가 높아짐에 따라 짧아진다.

1900년에 플랑크는 이 흑체복사의 문제를 이론적으로 설명하기 위하여 대담한 가정을 하였다. 그는 물체가 흡수하거나 발산하는 에너지는 연속적인 양이 아니라 불연속적인 양으로만 가능할 것이라고 가정하였다. 이러한 것을 에너지가 양자화되어 있다 하고 플랑크의 가설은 양자화 가설이라고 한다.

에너지도 최소 단위의 배수로만 주거나 받을 수 있다는 플랑크의 가설을 기존의 이론에 적용시키면, 실험에서 얻을 수 있는 곡선을 정확하게 설명할 수 있었다. 따라서 에너지가 최소 단위의 정수배라는 불연속적인 양으로만 존재할 수 있고 서로 주고받을 수 있다는 가설을 받아들일 수밖에 없게 되었다. 그리고 에너지의 최소 단위를 플랑크 상수라고 불렀다. 이것이 바로 현대 물리학에서 가장 중요한 이론인 양자역학의 시작이었던 것이다.

15. 대폭발의 증거

대폭발 이론은 정말 옳은 것일까? 그 이론이 옳다면 그것을 증명할 수 있는 것은 무엇이 있을까? 현재까지 알려진 바에 따르면 대폭발 이론의 가장 강력한 증거는 우주 배경 복사이다.

1940년대를 지나면서 과학자들은 대폭발 이후에 존재했던 조건들을 연구하기 시작했다. 우선 상상할 수 없을 정도의 뜨거웠던 초기 우주가 X선, 감마선 등 파장이 짧은 복사를 포함한 열전자기 복사를 만들어 냈음을 알아냈다. 우주는 식어가면서 우주 전체의 평균 온도는 점점 긴 파장의 스펙트럼에 대응되었다. 가모브는 그의 제자인 앨퍼, 허먼과 함께 온도와 밀도가 아주 높은 상태에서 우주가 생성되었다면, 대폭발 이후 남아 있는 절대 온도 5도 정도의 평균 온도를 가진 복사나 에너지가 우주 전체에 아주 얇게 분포되어 있을 것이라고 예측하였다. 이것이 바로 우주 배경 복사이다. 하지만 당시에는 이러한 아주 희미한 복사를 관측할 만한 장비가 없었기 때문에 그들의 예측은 20년 동안 묻혀 있었다.

1965년 미국 뉴저지주의 벨 연구소에서 아노 펜지아스(Arn

o Penzias)와 로버트 윌슨(Robert Wilson)은 전파 망원경을 이용하여 모든 방향에서 일정한 강도로 잡히는 마이크로파 잡음을 잡아내고 제거하는 연구를 하고 있었다. 연구소가 새로 만든 안테나는 위성을 추적하는 것이 목적이었지만, 지구의 공전과 자전에 상관없이 어느 방향에서나 이 잡음을 수신했다. 펜지아스와 윌슨은 이 잡음이 특정한 천체나 은하에서 오는 것이 아니라는 것을 알 수 있었다.

당시 프린스턴 대학에서는 피블스를 중심으로 가모브, 앨퍼, 허먼이 20년 전 주장했던 우주 초기의 복사 에너지에 대한 문제를 연구하고 있었다. 그들은 가모브의 연구 결과를 다시 계산하였고, 새로운 안테나를 설계하기 시작했다.

벨 전화 연구소의 펜지아스와 윌슨은 자신들의 안테나에 잡히는 잡음의 원인을 이해할 수가 없어 고민하던 중 MIT의 버나드 버크에서 전화로 물어본다. 프린스턴 대학의 피블스 교수가 우주 배경 복사를 연구하고 있는 것을 알고 있었던 버크는 아마도 펜지아스와 윌슨이 피블스 교수가 찾고 있던 것 같다는 생각을 했다. 버크의 소개로 펜지아스와 윌슨은 피블스 교수와 함께 그 잡음에 대해 이야기를 했고 그들은 바로 대폭발의 가장 중요한 증거가 되는 우주 배경 복사를 관측한 것임을 알게 되었다.

이렇게 해서 대폭발 이론을 입증할 수 있는 가장 중요한 근거인 우주 배경 복사가 발견되었던 것이다.

71

16. 별은 어떻게 빛나는 걸까?

빛은 에너지다. 별이 빛나는 이유는 에너지가 별 내부에서 생성되는 있다는 이야기이다. 어떻게 별 내부에서는 에너지가 생겨 빛이 나고 있는 것일까?

별 내부에서 어떠한 일이 일어나는지 알기 위해서는 우선 별 안에 무엇이 있는지 알아야 한다. 즉 별은 어떤 성분으로 구성되어 있는지를 알아야 하는 것이다.

1928년 영국 출신의 천문학자였던 세실리아 페인은 래드클리프 대학에서 박사과정 학생이었다. 그녀는 분광분석법을 이용하여 별의 대기를 구성하는 물질을 분석하는 작업을 하였고, 그 결과 별 내부에는 수소가 압도적인 성분이라는 것을 밝혀냈다. 그녀의 연구 이후 별 내부에는 중수소가 매우 드물며 수소와 헬륨이 별의 99퍼센트를 구성한다는 것을 알게 되었다.

독일 태생의 한스 베테는 1930년대 코넬 대학으로 이주하여 터널링과 같은 양자 과정을 참고하여 별 내부에서 어떠한 일이 일어나는지를 연구하기 시작했다. 그는 별들의 내부 온도에서 적당한 에너지의 방출과 함께 수소를 헬륨으로 전환시키는 두 개의 과정을 찾아내게 된다. 그중 하나는 양성자-양성자 반응으로 태양과 같은 별에서 압도적으로 일어나는 상호작용이다. 이 반응에서는 두 개의 양성자가 합쳐져 한 개의 양전자가 방출되면서 중수소의 핵을 만든다. 또 하나의 양성자가 이 핵과 융합하면 헬륨3(여기서 헬륨3이란 질량수가 3인 헬륨을 뜻하며, 질량수란 원소의 양성자의 개수와 중성자의 개수를 합한 것을 말한다)이 되고, 두 개의 헬륨3의 핵들이 합쳐지고 두 개의 양성자를 방출하면 헬륨4의 핵이 된다.

두 번째 과정은 탄소 순환 과정인데 탄소의 핵이 약간 있으면 양성자들이 이들 핵 속으로 터널링을 통해 들어간다. 탄소12의 핵에서부터 시작하여 여기에 양성자 하나를 첨가하면 불안정한 질소13이 되고, 다시 질소13은 양전자를 내뱉고 탄소13이 된다. 두 번째 양성자를 첨가하면 질소14가 되며, 세 번째 양성자를 질소14의 핵에 더하면 불안정한 산소15가 되며, 이 산소15는 양전자를 방출하고 질소15가 된다. 네 번째 양성자를 첨가하면 핵은 완전한 알파 입자 하나를 방출하고 처음의 탄소12로 돌아가게 된다. 알파 입자 즉 헬륨의 원자핵인 이 입자는 네 개의 양성자들이 하나의 헬륨 핵으로 전환되고 이 과정에 두 개의 양전자가 나오며 여기서 엄청난 에너지가 방출되는 것이다. 이 두 번째 과정은 태양보다 최소한 1.5배 무겁고 중심부 온도도 좀 더 높은 별에서 효과적으로 일어나는데 많은 별들의 경우 두 가지 과정이 모두 일어난다.

이렇듯 별 내부에서는 수소와 헬륨으로부터 한 단계 한 단계씩 좀 더 무거운 원소를 만들어 낼 때의 질량 차이가 아인슈타인의 질량-에너지 등가원리에 따라 상상할 수 없는 엄청난 양의 에너지로 만들어지게 되며 이로 인해 별들은 우리가 현재 보고 있는 빛을 내고 있게 되는 것이다.

17. 프린키피아

　인류 역사상 가장 중요한 과학책을 꼽으라고 한다면 사람마다 견해가 조금씩 다르겠지만 많은 사람들이 동의하는 것은 뉴턴의 〈자연철학의 수학적 원리(프린키피아)〉, 유클리드의 〈기하학 원론〉 그리고 찰스 다윈의 〈종의 기원〉을 꼽는다.

　뉴턴의 프린키피아는 인류 역사의 흐름을 바꾸어 놓았다. 당시 사람들의 인식체계를 흔들어 놓으면서 중세 시대가 막을 내리고 근대 사회로 접어들게 되는 가장 중요한 역할을 하였다. 뉴턴 이후 약 250년 정도는 중세 시대와는 다른 패러다임 체계로 변환되었으니 이것이 바로 절대주의 세계관이다. 1900년대 이르러 또 다른 혁명가 아인슈타인이 나오면서 이 절대주의 세계관은 상대주의로 전환되었지만, 뉴턴에서 비롯된 이 절대주의 사고방식은 인류 발전에 있어 엄청난 계기를 마련해 주었다는 사실은 그 누구도 부정할 수 없다.

　뉴턴이 책을 몇 권 쓰기는 했지만 가장 대표적인 것이 바로 〈프린키피아〉이다. 어릴 적 유클리드를 좋아해 그의 책 〈기하학 원론〉을 수시로 읽었던 뉴턴은 자신의 책인 프린키피아도 유클리드의 방식으로 서술했기 때문에 프린키피아는 읽기가 결코 만만치 않은 책이다. 내 주위에서 프린키피아를 읽었다는 사람을 나는 아직 만나본 적이 없다. 심지어 물리학을 전공한 사람들도 이 책을 끝까지 읽은 사람은 드물다.

영국은 근대 이전에는 주위의 국가들로부터 수많은 외침을 당했고 시도 때도 없이 전쟁을 치러내야 했다. 과장이 될지는 모르나 프린키피아가 나오고 나서 영국의 과학 발전은 엄청난 발전을 이루기 시작한다. 뉴턴 이후 영국은 과학에 있어서는 지구상에 존재하는 국가 중에 가장 앞서가는 나라도 변해가기 시작했고 이는 산업 혁명으로 이어지며 세계에서 가장 부강한 나라로 발전하게 되었으니 바로 대영제국의 탄생이다. 그리고 대영제국의 강력한 통치력은 예전의 로마제국을 넘어서며 전 세계를 상대로 200년 동안 유지되었다.

근대 이전의 인류는 소위 암흑기에서 벗어나지 못했다. 아리스토텔레스의 역학이 2,000년 정도를 지배했지만, 사실과 다른 것들이 너무 많아 과학이라고 표현하기도 애매했다. 단지 그의 생각이었을 뿐이었다고 해도 틀린 말은 아닐 것이다. 또한 당시에는 프톨레미우스의 〈알마게스트〉가 천문학을 지배하고 있었는데 지구가 우주의 중심이라는 오로지 자신의 주관에 입각한 주장이었을 뿐이었다. 하지만 이러한 아리스토텔레스와 프톨레미우스의 권위는 동양의 공자나 맹자 같은 위상을 차지하고 있었기에 그 누구도 이것이 틀린 것이라 감히 생각조차 하고 있지 못했다. 이러한 헛된 권위에 의해 옳지 않은 자연적 원리나 사실들이 그렇게 2,000년이라는 세월 동안 유지되고 있었던 것이다.

하지만 혁명은 조용히 일어나고 있었다. 당시 신부였던 코페르니쿠스, 뒤를 이어 피사 대학의 갈릴레오, 그리고 케플러에 이르러 자연적 사실과는 전혀 다른 2,000년 동안 지배했던 인류의 암울했던 시기는 물러갈 준비를 해야 했다.

뉴턴은 시대를 잘 타고났다. 코페르니쿠스부터 뉴턴이 학문에 뜻을 두기까지 약 150년이 흘러갔고 서서히 중세 시대의 사고방식은 균열이 나기 시작하고 있었다. 하지만 조그만 균열은 붕괴를 이끌어 내지 못한다. 결정적인 무언가가 있어서 그 임계점을 넘어서게 할 수 있는 모멘텀이 절대적으로 제공되어야 하기 때문이다. 이때 태어난 사람이 바로 아이작 뉴턴이었던 것이다. 뉴턴은 평생 어떤 여자도 사귀지 않고 독신으로 살면서 자신이 하고자 하는 바에만 몰두했다. 그가 얼마나 몰입을 했는지 알 수 있는 예화는 너무나 많다. 한 가지만 소개한다면 결혼을 하지 않았기에 집에는 집안일을 돌보아 주는 집사가 있었다. 뉴턴은 식사도 자신이 연구하던 방에 있는 테이블에서 항상 먹었기에 집사는 뉴턴이 먹을 식사를 항상 방으로 가져다주었다. 점심을 먹으라고 뉴턴의 방으로 놓고 나갔다가 다시 저녁이 되어 준비해서 뉴턴의 방으로 들어갔던 집사는 점심때 가져다주었던 식사를 뉴턴은 손도 대지 않은 채 연구에만 몰두하고 있었다고 한다. 집사가 뉴턴에게 식사를 왜 안 하셨냐고 물었더니 뉴턴은 그냥 멍하게 자신이 식사를 했었는지 안했었는지 그때가 점심시간인지 저녁 시간인지도 몰랐다고 할 정도로 집중했다고 한다.

사실 프린키피아는 뉴턴이 대학과 대학원 시절 이미 끝내

놓은 것이었지만 출판은 20년이 지나 1687년에 출간된다. 이렇게 출간이 늦어진 이유는 뉴턴은 지극히 내성적 성격이었고, 다른 사람들과 부딪히면서 논쟁하는 것을 극도로 싫어했으며, 이로 인해 그는 자신의 연구 결과를 발표하기를 꺼렸으며, 그의 연구 결과를 그냥 자기 책상 서랍에 넣어 두고 심심하면 꺼내 보낸 타입이었기 때문이었다. 그러던 어느 날 뉴턴의 친구였던 핼리가 뉴턴의 결과가 너무나 엄청난 것이니 속히 책으로 만들 것을 강력히 주장하는 바람에 뒤늦게 책으로 나오게 되었던 것이다.

인류 역사의 흐름을 바꾸어 놓을 수 있었던 프린시피아에는 어떠한 내용이 들어 있을까? 여기서는 그 내용을 다 설명할 수는 없지만, 인류에게 많은 영향을 미친 프린시피아의 중요 내용과 뉴턴이 이 책을 어떻게 서술했는지에 대해서만 간략히 살펴보고자 한다.

뉴턴이 평생 가장 관심이 있었던 것은 바로 "운동"이다. 뉴턴은 왜 그렇게 운동에 대해 흥미를 가지게 되었던 것일까? 우리가 살고 있는 지구나 우주 공간 전체에 존재하는 모든 물체는 거의 대부분 운동을 하고 있다. 우리 주위에서 많은 시간이 흘렀는데도 불구하고 항상 그 자리에 머물러 있는 물체는 거의 없다. 심지어 책상 같은 고체 물질 내부에서도 원자는 어떤 위치에서 조금씩 진동을 하거나 아주 작은 거리이기는 하지만 이동을 하고 있다. 뉴턴은 우주 공간에 존재하는 모든 물체가 운동을 한다면 이러한 운동을 이해하는 것이 과학의 가장 중요한 첫 번째 순서라고 생각했다. 과학 특히 물리란 자연의 이치를 알아 내는 학문인데 우주에 존재하는 모든 물체가 운동하고 있다면 이러한 운동을 이해하는 것이 진정한 과학의 기본이라고 생각했던 것이다.

운동이란 시간이 흐르면서 그 위치에 있지 않고 위치를 바꾸는 것을 말한다. 그렇다면 이러한 위치 이동을 위해서는 그 원인이 반드시 필요할 수밖에 없다. 뉴턴이 가장 관심을 가지고 있었던 것이 바로 이 운동의 원인이었다. 운동은 우주 공간에 존재하는 모든 보편적인 물체의 공통점이기에 그 원인 또한 보편적일 것이라고 생각했다. 그렇다면 운동하고 있는 모든 물체가 가지고 있는 공통적인 성질은 무엇일까? 바로 질량이다. 당시까지만 해도 우주 공간에 존재하는 물체 중에 질량이 없는 물체는 없다는 것을 너무나 잘 알았던 뉴턴은 이를 바탕으로 연구하였는데 그 결과가 바로 만유인력의 법칙이며 이것이 우주 공간에서 모든 물체가 운동하는 원인이 되는 것이란 것을 밝혀냈던 것이다. 물론 먼 훗날 빛의 입자인 광자는 질량이 없음이 밝혀졌고 이를 바탕으로 아인슈타인의 상대성 이론이 탄생하게 되며 상대론은 뉴턴 물리학을 대체하게 된다.

그렇다면 질량을 가지고 있는 우주 공간의 모든 물체는 어떠한 성질을 가지고 있을까? 물체의 가장 중요한 본성은 물체가 어느 위치에 정지하고 있으면 그 위치에서 계속 정지하고 있으려 하고, 운동하고 있으면 계속해서 운동을 하려고 하는 성질이다. 이것이 바로 관성으로 뉴턴의 운동 제1 법칙이 관성의 법칙이다. 하지만 이러한 관성의 항상 유지되는 것은 아니고 그 물체의 외부에서 힘을 가하면 그 힘을 받은 물체는 운동의 원인이 되는 힘으로 인해 자신의 고유 성질인 관성이 깨져 버리게 될 수밖에 없고 이로 인해 그 물체는 운동의 변화를 가지게 되니 이것이 바로 가속도이다. 이로 인해 만들어진 법칙이 뉴턴의 제2 법칙인 F=ma이다. 이 방정식으로 지구상이나 우주 공간의 웬만한 물체의 운동은 다 풀 수 있게 된다. 인류의 역사에게 가장 중요한 방정식의 탄생이었다.

근대과학의 가장 중요한 패러다임인 절대주의 세계관이 바로 여기서 근거한다. F는 원인이 되며 a는 결과라 할 수 있다. 즉 운동의 원인을 알며 그 결과인 운동의 변화를 절대적으로 알아낼 수 있다는 것이 바로 우리 인류의 근대 사회를 지배하게 된 인과론에 근거한 절대주의 사상이었던 것이다.

뉴턴은 또한 이러한 운동을 연구하면서 미적분학이라는 새로운 수학의 영역도 스스로 개척한다. 왜냐하면 그가 연구하고자 하는 물리학에는 당시 이를 해결해 낼 수 있는 수학이 없었기에 그가 스스로 미적분이라는 새로운 수학 체계를 만들어 냈던 것이다.

뉴턴은 자신이 프린키피아를 어릴 때부터 존경하던 유클리드의 〈기하학 원론〉의 형식을 따라 쓰려고 처음부터 마음먹었다. 그리고 프린키피아가 물리학 책임에도 불구하고 처음부터 끝까지 기하학 원론과 거의 비슷한 형태로 서술되어 있다. 예를 들어 프린키피아의 운동법칙을 설명하는 부분에서의 장(Chapter)의 제목은 바로 "공리, 운동법칙" 이라고 하고 그

밑으로 "운동 법칙 1 : 물체에다 힘을 가해서 그 상태를 바꾸지 않는 한, 모든 물체는 가만히 있든, 일정한 속력으로 직선 운동을 하든, 계속 그 상태를 유지한다." 라고 서술하고 이에 대한 자세한 설명을 한다. 이러한 기본 법칙이 끝나면 다시 "딸림 법칙 1 : 어떤 물체에 두 힘이 동시에 작용하면, 그 물체는 같은 시간 동안 평행사변형의 대각선을 따라 움직이는데, 그 평행 사변형의 두 변은, 두 힘이 따로 작용했을 때 그 물체가 같은 시간 동안 지났을 길이다." 라는 표현들이 나온다.

이러한 형식은 바로 유클리드의 〈기하학 원론〉과 완전히 똑같다. 예를 들어 유클리드의 기하학 원론의 평면기하학 편에 보면 "법칙 14: 어떤 직선의 한 점에서 두 직선을 서로 다른 방향으로 그었는데, 그들이 만드는 두 개의 이웃한 각을 더한 것이 직각을 두 개 더한 것과 크기가 같다고 하자. 그러면 두 직선은 한 직선에 놓인다." 라는 기본 법칙이 있고 이 뒤를 이어 "딸림 법칙 : 두 직선이 만날 때, 그들이 만드는 네 각을 더한 것은 네 개의 직각을 더한 것과 크기가 같다." 가 나온다. 이런 형태로 서술된 것이 바로 기하학 원론이다.

그렇다면 뉴턴은 단지 유클리드를 자신이 좋아하고 학교 시절 기하학 원론을 본인이 자세히 공부했기에 그 형식을 그렇게 그대로 따라서 한 것일까? 물론 일부 그런 면도 있을지 모르나 뉴턴은 과학의 있어서 가장 중요한 것은 수학의 엄밀함을 이용한 증명과 논리라는 것을 누구보다도 잘 알고 있었다. 이를 위해서는 가장 엄밀한 수학의 바이블 격인 유클리드의 원론은 따르는 것이 제일 좋은 것이라 생각했을 것이 분명하다. 이러한 뉴턴의 과학에 대한 접근에 있어서 수학적 엄격함이 근대과학의 중요한 밑받침이 되기에 이르렀고 그로 인해 엄밀하고 정확한 근대 물리학의 완성이 가능했던 것이다.

뉴턴의 프린키피아 같은 책은 앞으로도 나오기가 결코 쉽지 않을 것이다. 인간의 사고방식 자체를 책 한 권이 바꾸어 놓았다는 것은 거의 불가능에 가까운 일이기 때문이다. 뉴턴의 〈프린키피아〉는 어찌 보면 뉴턴이 인류 전체 그리고 앞으로 태어날 인류의 후손에게 준 가장 아름다운 선물이 아니었나 싶다.

뉴턴이 태어나 어릴적 살던 집

18. 전자기파에 대하여

우리 주위에는 전자기파를 이용하는 것들이 너무나 많다. AM, FM 라디오, 무전기, 텔레비전, 핸드폰 등, 이제 일상생활에서 전자기파를 사용하지 않고는 생활하는 것이 불편할 정도이다.

이러한 전자기파는 어떻게 만들어지는 것일까? 전자기파의 원리는 바로 전기장과 자기장의 상호작용이다. 전기장은 전하가 존재함으로써 생기고, 자기장은 자석이 있으면 만들어진다. 그런데 자기장의 또 다른 근원은 전하의 운동에 의해서도 가능해진다.

전기장과 자기장은 공간의 변화를 뜻한다. 전하가 존재함으로, 전하가 운동함으로, 그리고 자석의 존재에 의해 그 주위의 공간에 변화가 생기는 것이다. 이렇듯 자연에서 무엇이 존재함으로써 어떠한 변화가 생기기 마련이다.

블랙홀 근처는 그 엄청난 질량으로 인해 공간이 변하게 된다. 어떠한 물체의 질량 자체로 생기는 공간의 변화를 중력장이라고 한다.

제임스 맥스웰은 전기 현상과 자기 현상이 각각 독립된 것이 아니라 하나의 전자기 현상의 두 가지 측면이라고 생각했다. 그는 이를 토대로 맥스웰 방정식을 완성했는데 그것은 바로 시간에 따라 변화하는 자기장은 전기장을 만들고 시간에 따라 변화하는 전기장은 자기장을 만든다는 것이다. 물론 시간에 따라 변하는 자기장이 전기장을 만든다는 것을 처음 발견한 것은 패러데이였는데 맥스웰은 대칭성으로 인해 시간에 따라 변하는 전기장도 자기장을 만들 것이라고 생각했다.

맥스웰은 이를 바탕으로 전기장과 자기장이 상호 작용함으로써 새로운 형태의 파동인 전자기파가 만들어지는 것이라고 주장했고 얼마 후 독일의 헤르츠가 실험적으로 이 사실을 증명하였다. 우리가 주파수의 단위를 헤르츠로 쓰는 이유는 그를 기념하기 위함이다.

만약 전하가 진동운동을 하고 있다면 그 전하가 만드는 전기장은 시간에 따라 변하게 되고, 이에 따라 자기장이 생기게 된다. 그러나 그 자기장을 만든 전기장이 시간에 따라 변하므로, 자기장도 시간에 따라 변할 수밖에 없다. 이로 인해 또 다른 전기장이 만들어지게 된다. 이렇듯 전기장과 자기장이 서로 변하면서 상호작용을 하게 되고 이 상호작용이 전자기파를 형성하면서 공간으로 진행하게 되는 것이다.

놀라운 사실은 이 전자기파의 진행 속도는 상상을 초월할 정도로 빨라 맥스웰의 계산 결과에 의하면 빛의 속도와 같음을 알 수 있었다. 그 결과 빛도 전자기파라는 사실을 알게 되었다.

우리가 혼히 듣는 라디오 방송국의 송신 안테나 내부에서는 수많은 전자가 진동하면서 이와 같은 방법으로 공간을 통해 전자기파를 내보내는 것이고 우리는 그 전자기파를 집에서 라디오를 통해 들을 수 있는 것이다.

전자기파는 파장에 따라 여러 가지로 분류할 수 있는데 파장이 짧은 순서대로 나열해 보면, 감마선, X선, 자외선, 가시광선, 적외선, 마이크로파, 라디오파 등이 된다. 라디오파는 우리가 통신이나 방송에 쓰이는 전자기파에 해당하며 편의상 전파라고 부르기도 한다. 마이크로파는 집에서 사용하는 전자레인지 등에 응용될 수 있다. 감마선 같은 경우는 핵분열이 있을 때 나오는 전자기파로 인체에 치명적인 해를 입힌다. 이러한 전자기파 중에서 인간이 눈으로 볼 수 있는 것은 가시광선뿐이다.

정보 통신 기술이 발전하면서 전자기파의 응용은 그 가능성이 어디까지 될지 상상하기 어렵다. 미래의 세계에서는 아마 전자기파 없이는 우리가 생활하기도 힘들게 될지 모른다.

19. 일반 상대론의 증명

　아인슈타인의 일반 상대론은 만유인력이란 물체와 시공간의 상호작용이라는 것이다. 이 이론을 처음으로 증명한 사람은 영국의 천문학자인 에딩턴이다. 아인슈타인의 이론에 의하면 중력장이 강한 곳에서는 시공간이 심하게 굽어지므로 태양에 매우 가깝게 지나가는 빛은 곡선 경로를 따를 것으로 예상된다. 아인슈타인은 일반 상대론을 적용하여 태양 표면을 스쳐 지나가는 빛은 약 1.75초 정도의 각도로 휘어질 것이라고 예측하였다.

　문제는 태양에 근접하는 별빛을 측정할 때 태양의 빛이 별빛에 비해 엄청나게 밝기 때문에 그 별빛을 측정할 수가 없다는 것이다. 하지만 태양의 개기 일식이 진행되는 동안에는 대부분의 태양의 빛이 가려지므로 태양 근처를 지나는 별빛을 관측할 수가 있다. 이에 아인슈타인은 개기 일식을 이용하여 태양 근처를 지나가는 별빛이 휘어지는 것을 탐지할 수 있을 것이라고 제안하였다.

　영국의 천문학자였던 아서 에딩턴은 아인슈타인의 제안을 받아들여 1919년 5월 29일 개기 일식이 일어나는 날에 이러한 관측을 하기 위해 준비했다. 두 개의 탐험대가 하나는 아프리카 서해안에 있는 프린시프 섬으로 하나는 브라질 북부의 소브랄이라는 지역으로 출발을 했다.

드디어 개기 일식이 시작되던 날 비록 날씨가 좋지는 않았지만, 에딩턴의 지휘하에 개기 일식에서 태양 근처에 보이는 별빛이 측정 오차 범위 내에서 아인슈타인이 계산한 값과 같은 각도로 휘어진다는 것을 관측할 수 있었다.

이로 인해 과연 공간이 휘어질 수 있을지에 대한 수많은 사람의 의심이 해결되었으며 아인슈타인의 일반 상대론은 에딩턴의 관측으로 인해 확실히 증명될 수 있었고 이로 인해 아인슈타인은 세계적으로 유명해지게 되었다.

또한 일반 상대론의 증명으로 인해 250년간 계속되어온 뉴턴의 만유인력에 대한 이론은 수정될 수밖에 없었고, 이로 인해 근대시대는 문을 닫고 새로운 시대인 현대 시대로 진입하게 되는 결과가 되었다.

20. 나침반과 지구 자기장

아인슈타인이 처음 과학에 관심을 두게 된 것은 그가 나침반을 보고 나서였다. 그가 쓴 회고록에 보면 "나는 지금도 생생히 기억하고 있다. 그때 그 경험은 내게 영원히 사라지지 않을 깊은 인상을 심어주었다. 사물의 이면에는 반드시 깊숙이 감춰진 무언가가 있다." 어느 방향으로 돌려도 항상 일정하게 북쪽만을 가리키는 나침반의 바늘이 어린 아인슈타인을 과학의 세계로 인도하게 되었던 것이다.

나침반이 항상 북쪽을 가리키는 이유는 무엇일까? 그것은 바로 지구 전체가 하나의 자석과 같은 역할을 하기 때문이다. 자유롭게 회전할 수 있는 나침반을 막대자석의 남극(S극) 근처에 놓으면 나침반의 남극은 밀쳐지고 북극(N극)은 끌어당겨진다. 나침반 바늘은 흔히 물리학에서 말하는 회전운동의 원인인 토크를 받게 되고 이로 인해 나침반 바늘은 새로운 평형 상태에 이르게 된다. 이것은 나침반 바늘이 자기장에 정렬하려고 하는 성질로 인한 것이다.

나침반은 아주 작은 막대자석으로서 자기장에 접하게 놓이며 그 지점에서의 자기장의 방향은 나침반의 남극에서 북극으로 향하는 화살표 방향을 나침반이 놓여 있는 장의 방향으로 정하게 된다.

지구는 마치 거대한 자석이 지구 내부에 있는 것과 같은 자기장을 발생시킨다. 이를 지구 자기장이라고 하는데 지구의 지리적인 북쪽의 자석의 S극에 해당하고 지리적인 남쪽이 지구라는 자석의 N극에 해당된다. 따라서 나침반의 북극이 지구의 북쪽을 항상 가리키는 것이다. 지구가 하나의 커다란 자석의 역할을 하는 이유는 바로 지구 내부에 엄청나게 많은 금속으로 인한 결과이다.

이러한 지구 자기장은 지구 외부로부터 오는 많은 전자기파에 대한 방패 역할을 함으로써 지구 표면에 수많은 생명체가 살아갈 수 있는 환경도 제공한다. 만약 지구 자기장이 존재하지 않는다면 지구 위에서 제대로 살아갈 수 있는 생명체는 거의 드물 것이다.

지구는 하나의 거대한 자석이기에 생명체도 보존될 수 있으며 나침반의 바늘이 항상 북쪽을 가리키고 있어 우리가 방향을 찾아 생활하는 데 있어서도 많은 도움을 주는 것이다.

21. 전향력

지구는 서쪽에서 동쪽으로 자전을 하고 있다. 북반구를 기준으로 하면 반시계 방향이다. 지구는 거의 구에 가깝게 둥글다. 따라서 지구의 지도에서 동서를 구분한 경도는 남북을 구분한 위도마다 그 길이가 다를 수밖에 없다. 적도에 가까운 위도일수록 경도 간의 길이는 길고 적도에서 먼 위도일수록 경도 간의 길이가 짧다.

하지만 지구가 자전하는 데 걸리는 시간은 위도에 따라 차이가 없다. 고위도나 저위도 모두 같은 속도로 지구는 회전한다. 이는 다른 거리를 같은 시간에 가야 한다는 것과 같은 뜻이다. 즉, 저위도 지역의 회전 속도가 고위도 지역보다 빠르다는 이야기이다.

다시 말하면 지구의 자전 주기는 고위도나 저위도나 일정해서 움직여야 하는 거리는 다르기에 저위도에서의 속도가 고위도에서의 속도보다 빠를 수밖에 없게 된다.

이로 인해 어떠한 일이 생기게 될까? 예를 들어 지구가 자전하지 않는다면 백두산에서 한라산을 향해 대포를 뻥 쏘면 그 포탄은 직선으로 날라오게 된다. 하지만 지구가 자전을 하기 때문에 포탄은 쏜 방향으로 곧게 오지는 않는다.

백두산은 지구에서 고위도에 있고 한라산은 저위도에 있다. 지구는 자전하기 때문에 백두산에 있는 사람보다 한라산에 있는 사람이 더 빨리 움직이게 된다. 빨리 달리는 사람이 늦게 달리는 사람을 보면 뒤처지게 된다. 그렇다면 한라산에 있는 사람은 백두산에서 날아오는 포탄을 보면 어떻게 보일까? 당연히 그 포탄은 한라산을 향해 직선으로 날라오지 않고 뒤처져서 날라오게 된다. 즉 백두산에서 한라산을 향해 직선으로 대포를 쏘았는데 그 포탄은 한라산에 도달할 때쯤이면 한라산에 있는 사람은 이미 앞으로 많이 진행해 나간 상태이고 포탄이 한라산에 도착할 때면 그 포탄은 한라산의 서쪽으로 치우쳐서 떨어지게 된다. 즉 북반구에서는 포탄이 곧장 날아가지 못하고 휘어져 날아가게 된다.

이렇듯 원래의 방향과는 다른 방향으로 바꾸어 주는 힘이 지구의 자전에 의해 생기게 되는데 이를 방향을 바꾸어 주는 힘이라는 뜻에서 전향력이라고 부른다. 이 전향력을 처음으로 발견한 사람은 코리올리인데 그의 이름을 따서 코리올리 힘이라고 부르기도 한다. 남반구에서는 어떻게 될까? 북반구하고는 완전히 반대 방향으로 전향력이 존재하게 된다.

이 전향력은 지구 표면을 덮고 있는 대기에 상당한 영향을 미치게 된다. 무역풍이나 편서풍 등이 생기는 것도 바로 이러한 전향력으로 인해서 그렇다. 지구의 날씨가 변화무쌍하게 되는 이유 중의 하나도 이러한 전향력으로 인한 효과이다. 지구의 자전은 이렇듯 우리의 생활에 커다란 영향을 주고 있다.

22. 오로라

지구에서 일어나는 여러 가지 자연현상 중 가장 아름다운 것 중의 하나가 바로 오로라다. 오로라는 지구의 고위도 즉 극지방에서 나타난다. 지구 모든 곳에서 아름다운 오로라를 볼 수 있다면 더 많은 사람이 보고 즐거워 할 텐데 그렇지 못해 많이 아쉽다. 오로라가 극지방에서만 관찰되는 원인은 무엇 때문일까?

오로라는 전기를 띤 작은 입자들이 지구의 대기권에서 가장 높은 곳에 위치한 열권 근처의 지구 대기와 마찰을 하면서 형형색색의 영롱한 불꽃을 만들어 내는 현상이다. 어떻게 이런 오로라가 만들어지게 되는 것일까?

태양은 계속해서 많은 양의 에너지를 내뿜고 있다. 이 중에는 다양한 종류의 전기 입자들도 무수히 많이 있다. 그중 일부가 태양열과 함께 지구로 다가온다. 태양과 지구 사이에는 거의 진공의 상태이기 때문에 아무런 방해도 받지 않고 다가오던 입자들은 지구에 가까워지면서 지구 대기와 지구 자기장을 느끼기 시작한다. 지구밖에서 보면 지구 대기권의 시작은 바로 열권에서부터 이루어진다. 열권은 지표면에서 약 80~

100km 부근의 대기권이다. 태양에서 나온 전기를 띤 입자들은 열권에서부터 대기와 마찰을 일으키기 시작한다.

전기를 띤 입자가 움직이게 되면 자석의 성질을 갖게 되는데, 이는 태양에서 온 전기를 띤 입자들이 자석처럼 행동한다는 이야기이다. 따라서 이 입자들은 지구 자기장의 N극과 S극이 나오는 곳으로 많이 몰리게 된다. 지구 자기장의 N극과 S극은 지구의 남극과 북극 근처이다. 그렇기 때문에 태양이 방출한 전기를 띤 입자들은 지구의 극지방에 많이 머물 수밖에 없다. 그리고 그 근처에서 지구 대기와 태양이 방출한 입자들 사이에 마찰이 많이 일어나게 되고 이것이 바로 오로라 현상을 만드는 것이다.

오로라는 주로 지구 위도 65도를 넘는 지역에서 관찰이 가능하다. 유럽의 스칸디나비아에서 그린란드를 잇는 지역과 캐나다의 허드슨만에서 알래스카에 이르는 지역이 가장 오로라를 관찰하기에 좋다. 우리나라에서는 불행히도 오로라를 전혀 볼 수가 없다. 아쉽지만 어쩔 수 없으니 핑계 삼아 북유럽이나 캐나다 또는 알래스카로 여행을 가는 기회로 삼아도 좋지 않을까 싶다. 나도 언젠가는 그쪽 지방으로 가서 오로라를 평생 한 번만이라도 보기를 희망하고 있는데 언제가 될지는 알 수가 없고 단지 희망 사항으로 끝날지도 모를 것 같다. 신비롭고 아름다운 자연현상은 무궁무진하지만, 우리가 보고 경험할 수 있는 것은 그리 많지 않다. 주위에 오로라를 직접 관찰한 사람이 너무 부러울 뿐이다.

23. 이중성

근대과학을 완성한 뉴턴은 운동의 법칙과 만유인력의 원리를 만들어 낸 것으로 유명하다. 뉴턴은 또한 빛의 정체성에 대해서도 관심이 많았다. 그는 직접 프리즘을 만들어 빛의 분산을 연구하기도 했고, 광학(Optics)이라는 책도 저술하였다. 뉴턴은 어떤 질량을 가지고 있는 입자는 힘을 받으면 힘의 방향으로 직진 운동하는 것에 착안하여, 빛 또한 직진하는 성질이 있기에 빛은 입자라고 주장하였다.

뉴턴과 비슷한 시기에 활동했던 네덜란드의 과학자 호이겐스는 뉴턴의 빛의 정체성에 대한 이론에 반기를 들었다. 그는 빛의 실험적 성질을 관찰한 결과, 파동으로서만 가능한 빛의 성질들을 알아냈다. 회절, 분산, 굴절 등이 그것이다. 만약 빛이 입자로만 이어져 있다면 이러한 실험 사실들은 불가능하기에 파동일 수밖에 없다고 주장하였다.

그 이후 영국의 실험물리학자였던 토머스 영은 뉴턴과 호이겐스 중 누구의 주장이 옳은지 알아내기 위하여 면밀한 실험에 착수하였다. 그는 빛의 이중 슬릿 실험을 성공시킴으로써 호이겐스의 이론이 맞음을 확실하게 증명할 수 있었다. 뉴턴의 빛의 입자론은 그의 실험으로 말미암아 종지부를 찍을 수밖에 없었고 그 이후 19세기 말까지 빛은 파동이라는 이론이 대세를 이루게 되었다.

19세기가 다가오면서 물리학의 새로운 실험적 성과들이 나타났는데, 그중에 하나가 광전효과이다. 빛을 금속에 쬐어주면 전원장치가 없이도 어떤 조건하에서 전류가 발생하는 데 이 실험의 결과를 이론으로 분석하기 위해 당시까지 대세였던 빛의 파동성을 적용시켰다. 하지만 빛의 파동성은 광전효과에 있어서 성공적이지 못했다.

이때 등장한 사람이 바로 알버트 아인슈타인이었다. 모든 과학자가 빛의 파동성이 맞는다고 생각하고 있을 때 그는 광전효과를 설명하기 위해 뉴턴의 빛의 입자 이론을 적용시켰다. 다른 사람들의 상상과는 달리 아인슈타인은 빛의 입자설로 광전효과를 완벽하게 설명할 수 있었고 이 결과를 1905년 논문으로 발표했다. 1921년 아인슈타인은 이 광전효과에 대한 업적으로 노벨 물리학상을 수상한다.

그 이후 물리학자들은 빛의 정체성에 대해 심각하게 논쟁을 벌였고, 빛은 파동성과 입자성을 동시에 가지고 있다고 결론을 내렸다. 이것이 바로 빛의 이중성이다. 빛은 어떤 경우에는 파동으로서 작용하고, 어떤 경우에는 입자로 작용하게 된다. 그 상황에 맞는 행동을 취하는 것이다.

24. 우주의 나이

대폭발이론에서 중요한 논제는 현재 관측 가능한 우주의 임의의 두 점이 약 137억 년 전에는 한없이 가까이 붙어 있었다는 것이다. 밀도가 무한대였던 이 대폭발의 순간을 특이점이라고 한다. 그 폭발의 순간에서부터 현재까지 경과된 시간을 우주의 나이라고 한다. 우주의 나이를 어떻게 알아낼 수 있는지를 살펴보는 것은 대폭발이론에 있어서 중요하다.

멀리 떨어져 있는 은하들은 빠른 속도로 서로 멀어지고 있다. 더 멀리 있는 은하일수록 더욱더 빠른 속도로 상호 후퇴한다. 결국, 은하들은 팽창하고 있는 셈이다. 은하들, 최소한 이들 은하를 구성하고 있는 원자들은 이와 비슷한 형태로 팽창을 시작했음에 틀림이 없다. 극도로 밀집되어 있던 상태에서 물질은 사방으로 흩어졌다. 현재는 멀리 떨어져 있는 두 은하라고 하더라도 초기에는 서로 접촉하고 있었으므로 현재의 상태와 같이 서로 멀어지는데 걸리는 시간을 계산하면, 초기 폭발의 순간이 언제였는가를 알 수 있다. 은하들이 일생의 거의 대부분을 서로 떨어진 상태에서 보내고 있음은 명백하다. 은하들이 가까이 붙어 있었던 기간은 그들의 나이에 비하여 매우 짧은 순간에 불과하다. 한 쌍의 은하를 택해 그들 사이의 거리를 상대 속력으로 나누면, 그 결과가 대략적인 우주의 나이가 된다. 은하 후퇴에 관한 허블의 법칙에 의하면, 후퇴 속력은 허블 상수 H에 그들의 거리를 곱한 것과 같다.

새로이 관측 기술이 개발되면서 현대 천문학자들은 H의 값을 허블보다 더 정확하게 측정할 수 있게 되었다. 각종 은하에서부터 우리는 거리의 지표가 될 수 있는 여러 종류의 천체들을 비교적 정밀하게 측정할 수 있다. 허블 이후 보다 먼 거리까지도 측정할 수 있는 거리의 지표들이 마련된 셈이다. 현대 관측치를 이용하여도, 은하들의 후퇴 속도와 거리 사이에는 단순 비례 관계가 근사적으로 성립함을 알 수 있다. 현재까지 알려진 허블 상수 H로 계산한 우주의 나이는 137억 년이다.

25. 우주의 미래

　우주의 개폐 여부를 따질 수 있는 가장 확실한 방법은 우주의 밀도가 현재 얼마인가를 알아내는 일이다. 중력에 기인한 우주의 수축과 팽창의 균형이 프리드만 방정식으로 쉽게 서술됨을 알 수 있었다. 우주 내부 임의의 구 중심에 작용하는 중력의 크기는 물질의 평균 밀도에 비례한다. 한편, 허블 상수 H의 관측값으로 팽창의 운동에너지를 계산할 수 있으며, 측정된 허블 상수와 프리드만 방정식으로부터 팽창과 중력 수축이 정확하게 평형을 이룰 수 있는 밀도의 임계 값을 알아낼 수 있다. 측정된 현재 우주의 평균 밀도가 이 임계 밀도보다 작다고 판명된다면, 우리는 열린 우주에 살고 있는 셈이다. 임계밀도의 크기는 $d_c = 3H^2/8\pi G = 5 \times 10^{-30} gm/cm^3$으로 주어지는데, 이 한계 밀도를 수소 원자의 개수 밀도로 표시하면, 3개/m^3가 된다.

　우주에 들어있는 물질의 총질량을 측정하여 평균 밀도를 계산해 보면, 이 임계 밀도보다 꽤나 작은 것으로 나타난다. 전 우주의 평균 밀도가 사실상 $10^{-31} gm/cm^3$에 불과하며, 이는 임계 밀도의 약 2%에 해당하는 미소한 양이다.

우주가 별의 형태로 나타나는 물질, 즉 빛을 발하는 물질만으로 채워져 있는 것은 아니므로, $10^{-31}gm/cm^3$은 우주의 실제 평균 밀도의 하한값에 불과하다.

안드로메다 성운 같은 나선 은하들의 회전 속도를 관측하여 보면, 은하 중심에서 10만 광년이나 떨어진 곳에서도 물질이 회전하고 있음을 알 수 있다. 측정된 회전 속도의 크기에서, 그 속도가 측정된 지점에서부터 중심까지에 존재하는 물질의 총 질량을 추산해 볼 수 있다. 그 결과 상당량의 질량이 은하의 헤일로우에 존재하고 있음이 밝혀졌다. 헤일로우에는 경량급 항성이거나 진화를 거쳐서 붕괴된 중량급 항성의 잔재들이 있다고 믿어진다.

회전 속도의 측정에서 은하의 총질량을 알 수 있으므로, 빛을 발하지 않는 물질의 실제량을 따로 알아낼 수 있다. 그 결과 은하 질량의 상당량이 빛을 내지 않는 어두운 물질로 구성되어 있음을 알 수 있다. 한 은하의 회전 속도를 측정하여 알 수 있는 질량은, 은하의 중심에서 회전 속도가 측정된 지점 내부에 있는 모든 질량이다. 그러나 서로 맞물려 돌고 있는 쌍 은하계의 경우, 한 은하의 궤도 속도를 측정하면 상대방 은하의 전 질량을 추정할 수 있다. 최소한 궤도 내부에 존재하는 질량의 총량을 알 수 있다는 것이다. 그 결과 은하에 물질이 분포되어 있는 영역이 밝게 빛나는 부분보다 실제는 훨씬 더 넓다는 사실을 알 수 있다. 그러나 바깥 부분에 존재하는 어두운 물질의 질량을 다 합하더라도 우주의 평균 밀도가 임계 값에 못 미치는 실정이다.

그러므로 은하나 은하단에 존재하는 물질의 총량이 우주를 닫힌 우주로 만들기에는 역부족이라고 결론 지을 수 있다.

닫힌 우주론이 안고 있는 가장 큰 난제는 만약 우주가 닫혀 있다면 숨겨진 질량이 어떤 형태로 존재하는가에 대한 것이다. 숨겨진 질량에 대한 그럴듯한 후보를 제시할 수도 있겠으나, 제시된 물질이 관측 가능한 현상을 보이지 않는 한, 그 후보 물질을 전적으로 신뢰할 수는 없다.

열린 우주에서는 은하가 완전히 소모되어 별들도 모두 죽어 버리고 재생의 기회가 전혀 없다는 점이 열린 우주의 단점이다. 중력이 팽창을 제어할 수 없으므로 우주가 한참 팽창하고 나면 중력의 효과는 점점 무시될 수 있게 된다. 그리고 우주는 점점 더 어두워질 것이며, 핵에너지의 공급이 점점 줄어들면서, 별을 구성하고 있는 물질은 자체 중력을 이길 수 없어 수축한다. 은하 그리고 은하단들까지도 수축하여 *거대한 블랙홀로 된다. 궁극에 가서 모든 물질이 매우 차갑게 식어서 절대 온도 영도로 된다. 모든 힘의 작용이 없어져서 불변의 상태로 돌입한다. 이것이 무한히 팽창하는 우주의 운명이다.

닫힌 우주에서도 은하는 물론 소진하겠지만, 은하 간 물질이 존재하는 동안 새로운 은하들이 생성될 수 있다. 닫힌 우주에서는 중력이 언제나 중요한 요인으로 작용하게 된다. 우주의 어느 곳을 가든지, 자체 중력이 팽창을 저지시킬 때가 언젠가는 오게 마련이다. 은하에서 방출되는 복사가 비록 흐리다고 할지라도 우주를 따듯하게 유지시킬 것이며, 우주는 적정 크기까지 팽창한 다음 결국 다시 수축하게 된다. 수축 때문에 복사 밀도도 증가한다. 은하와 은하들이 서로 부딪혀 깨진다. 별들도 서로 충돌한다. 수축이 계속 진행됨에 따라 모든 구조가 모조리 깨져버리는 상황에 도달하는데, 이를 대압축이라고 한다.

현대 물리학적 지식을 가지고는 대압축 이후의 세상에 대해 아무것도 얘기할 수 없다. 물질 구조에 관한 일반론을 닫혀진 우주에 그저 적용시켜 볼 따름인데, 결국 대폭발 당시의 무한 고밀도 상태의 특이점이 우리를 기다리고 있다고 할 수 있다.

허블 우주 망원경

1980년대 우주 공간에 우주 망원경(space telescope)인 허블 우주 망원경을 올려놓아 관측 천문학의 새로운 경지를 열었다. 이 망원경의 구경은 2.4m로 지상에 있는 대형망원경에 비해 크진 않지만, 지구 대기 때문에 겪게 되는 여러 가지 문제점을 해결하여 정밀도에 있어 월등하다. 아주 먼 거리에 있는 은하들을 많이 관측할 수 있으며, 이러한 은하들의 분광 사진도 찍을 수 있게 됨으로써 젊은 은하에 대한 많은 정보도 얻을 수 있다. 일단 은하의 진화 양상을 이해한다면, 우주 공간의 곡률을 측정하는 데 겪었던 여러 가지 장애물을 쉽게 제거할 수 있다.

26. 초전도체

도체와 부도체는 온도가 올라가면 전기 저항이 증가한다. 물체를 이루는 원자들의 운동이 활발해져 전자의 진행을 방해하기 때문이다. 온도가 올라가면 전기 저항이 증가한다는 것은 온도가 내려가면 전기 저항이 작아진다는 것을 의미한다. 실제로 물질의 비저항은 온도가 내려가면 작아진다. 그러나 절대 0도 부근에서는 갑자기 전기 저항이 0이 되는 일이 일어난다. 전기 저항이 0인 물질을 초전도체라고 한다.

초전도현상은 1911년 액체 헬륨을 이용하여 절대 0도 부근에서 수은의 전기 저항을 조사하던 온네스(Kamerlingh Onnes)에 의해 처음 발견되었다. 그는 수은의 온도를 낮추어 가자 4.2K에서 갑자기 전기 저항이 0으로 변하는 것을 발견하였다. 1913년에는 납이 7K에서 초전도체로 변한다는 것이 발견되었고, 1941년에는 니오븀이 16K에서 초전도체로 변하는 것이 발견되었다.

1933년 마이스너와 옥센펠트는 초전도체가 모든 자기장을 밀어낸다는 마이스너효과를 발견하였다. 1935년에 런던이 마이스너 효과는 초전도체에 흐르는 미세한 전류 작용에 의한 것임을 밝혀냈다. 1950년에는 란다우와 긴즈부르크가 초전도체에 관한 긴즈부르크-란다우이론을 발표하였다. 상변화에 과한 란다우의 이론과 파동함수를 결합한 이 이론은 초전도체의 거시적인 성질을 설명하는데 성공하였다. 아브리코소프는 긴즈부르크-란다우 이론을 이용하여 초전도체를 I형과 II형으로 나눌 수 있다는 것을 보여주었다. 초전도 현상을 설명하는 완전한 이론은 바딘, 쿠퍼, 슈리퍼에 의해 1957년 제안되었다. BCS 이론이라 불리는 이들의 이론에 의하면 초전도 현상은 전자들이 포논을 주고 받는 상호작용을 통해 형성한 쿠퍼쌍이라고 부르는 전자쌍이 초유체 성질 때문에 나타난다.

전자들은 음전하를 띠고 있기 때문에 서로 전기적으로 반발한다. 그러나 물질을 이루는 원자들의 원자진동과의 상호작용으로 인하여 어떤 경우에는 전자들 사이에 인력이 작용하여 전자가 쌍을 이루게 된다. 이렇게 형성된 전자쌍을 쿠퍼쌍이라고 한다. 이렇게 전자가 쌍을 이루면 전자의 에너지 상태는 보통의 상태보다 낮아져서 보통의 상태와 초전도 상태 사이에는 일정한 에너지 틈이 생긴다. 초전도체에서는 쿠퍼쌍을 이룬 전자의 에너지 상태와 보통의 전자 상태 사이에 생긴 에너지 틈으로 인해 원자들과 상호작용을 하지 않게 되어 전자는 에너지를 잃지 않고 계속 진행할 수 있는 것이다. 후에 과학자들은 BCS이론이 임계 온도 부근에서는 긴즈부르크-란다우 이론과 같게 된다는 것을 증명하였다.

1962년에는 미국의 웨스팅하우스에서 최초로 니오븀과 티타늄 합금을 이용해 초전도체 도선을 생산하였다. 같은 해에 영국의 조셉슨은 두 초전도체 사이에 얇은 부도체가 끼어 있을 때 이 초전도체 사이에 초전류가 흐를 수 있다는 것을 이론적으로 예측하였다. 조셉슨 효과라고도 부르는 이 현상은 정밀한 과학 실험에 널리 응용되고 있다. 2008년에는 일부 과학자들에 의해 초전도체가 만들어지는 것과 같은 현상을 통해 전기 저항이 무한대인 초절연체가 만들어질 수도 있다는 것이 밝혀지기도 하였다.

보통의 물체가 초전도체로 변하는 온도를 임계 온도라고 한다. 초전도체의 임계온도는 원자의 진동에너지와 밀접한 관계가 있다. 대부분 금속의 임계온도는 절대온도 10도 보다 낮으며, 합금의 경우에는 절대온도 23도 보다 낮다. 저항이 없는 초전도체는 여러 가지로 유용성이 큰 물질이지만 임계온도가 이렇게 낮기 때문에 경제성이 적다. 낮은 온도를 유지하는데 많은 비용이 들기 때문이다. 그래서 과학자들은 높은 임계온도를 가진 초전도체를 만들어 내려고 노력하고 있다.

1986년까지 과학자들은 BCS 이론에 의해 절대온도 30K 이상에서는 초전도체가 만들어질 수 없다고 생각하였다. 그러나 1986년 스위스의 베드노르츠(J. Bednorz)와 뮐러(K. Muller)가 임계온도가 35K인 란탄늄을 기반으로하는 산화구리 초전도체를 만들어냈다. 이어 1987년 알라바마대학의 우(M. K. Wu) 등이 란탄늄 대신 이트륨을 기반으로 해서 임계 온도가 92K인 초전도체를 만드는데 성공하였다. 이 초전도체의 임계 온도는 액체질소 온도인 77K보다 높다. 액체질소 온도는 큰 비용을 들이지 않고 쉽게 만들 수 있기 때문에 이런 높은 임계온도를 가지고 있는 초전도체는 실용성이 크다.

극저온 초전도체가 만들어지는 원인이 BCS 이론으로 설명되었던 것과는 달리 고온 초전도체가 만들어지는 원인에 대해서는 아직 설명하지 못하고 있다. 고온 초전도체가 만들어지는 원인을 규명하게 되면 우리가 일상생활을 하는 온도에서 초전도체로 변하는 상온 초전도체의 개발도 가능할 것으로 생각된다.

연구가 진행되면서 계속 더 높은 임계온도를 가지는 초전도체가 개발되었다. 1993년에는 탈륨, 수은, 구리, 바륨, 칼슘과 산소를 포함하고 있는 세라믹 물질의 임계온도가 138K인 것을 발견하기도 하였다. 2008년에는 철을 기반으로 하는 고온 초전도체가 개발되기도 하였다.

초전도체를 이용하면 강한 자기장을 만드는 것이 용이해진다. 자기장을 만들기 위해서는 전류를 흘려야 하는데 저항이 있는 경우에는 많은 열손실이 생기게 마련이다. 그러나 저항이 없는 초전도체를 이용하면 열손실을 염려할 필요 없이 강한 자기장을 만들어낼 수 있어 자기 부상 열차, 자기 추진선과 같은 교통수단의 혁명을 가져올 수 있다. 또한, 초전도체는 전기 에너지의 저장, 초전도 발전기, 무손실 송전 등에도 사용될 수 있을 것이다.

27. 카오스이론

  뉴턴 시대의 과학자들은 자연에서 일어나는 모든 현상은
정확히 역학 법칙에 따라 운동하고 있으므로 어떤 순간의 상
태를 정확히 알면 다음 순간 어떤 일이 일어날 것인지를 정
확하게 예측할 수 있을 것이라고 생각하였다. 이러한 생각은
뉴턴 역학을 수학적으로 크게 발전시킨 라플라스(P. Laplace)
에 이르러 절정을 이루었다. 라플라스는 어떤 순간 우주에 있
는 모든 입자들의 위치와 속도를 알 수 있다면 운동 방정식
으로부터 우주의 미래를 예측할 수 있을 것이라고 생각하였
다. 이러한 결정론에 의하면 같은 초기 조건에서 출발한 우주
는 단 하나의 결과밖에는 가져올 수 없으므로 우주가 처음부
터 새로 시작한다고 해도 초기 조건이 같다면 모든 일들이
그대로 재연될 것이라고 하였다.
  그런데 1963년에 미국의 기상학자 로렌츠(E. Lorenz)는 다
양한 기상현상을 기술할 수 있는 기상 모델을 찾기 위하여
세 개의 변수과 세 개의 방정식으로 이루어진 연립방정식을
초보적인 컴퓨터를 이용하여 풀려고 시도하였다, 방정식의 해

는 매개변수의 값에 따라 크게 달라지는데 어떤 매개 변수 값에서는 매우 불규칙한 결과를 나타내었다. 그의 기상 모델은 매우 간단한 모델이었지만 나타난 결과는 매우 복잡하고 불규칙한 것이었다.

이것은 매우 놀라운 발견이었다. 오랫동안 우리는 복잡한 자연현상은 복잡한 방정식으로 표현될 것으로 짐작하고 있었다. 그런데 간단한 방정식으로부터 복잡한 현상이 나타날 수 있다는 것은 우리 주위에 복잡한 현상들을 간단한 방정식으로 나타낼 수 있는 가능성을 보여 준 것이었다. 그동안 복잡한 현상이라고 생각하여 다루기를 꺼려하던 많은 현상들을 간단한 방법으로 다룰 수 있을 지도 모른다는 생각을 하게 되었다.

로렌츠가 그의 기상 모델을 이용한 분석에서 또 하나 알게 된 것은 이 방정식들의 해가 초기 조건에 매우 민감하다는 것이었다. 약간 다른 초기 조건을 이용하면 처음에는 비슷한 운동을 하지만 점차 그 차이가 증폭되어 긴 시간이 흐른 후에는 전혀 다른 운동을 하게 된다는 것을 알게 되었다. 이렇게 결과가 초기 조건에 민감하게 의존하는 현상을 나비효과 (butterfly effect)라고 부른다. 로렌츠가 그의 기상 모델에서 발견한 나비효과는 비선형 방정식으로 표현되는 역학계의 공통적인 현상이라는 것이 밝혀져 비선형 방정식을 선형 방정식으로 근사시켜 해를 구해온 종래의 방법에 문제가 있음을 알게 해주었다.

오랫동안 대부분의 전통적인 물리학자들은 잘 풀리지 않는 비선형 방정식을 푸는 대신 비선형 방정식을 그 식에 가장 근사한 선형 방정식으로 바꾸어 문제를 풀어 왔다. 그들의 기본적인 생각은 자연 현상은 선형 방정식으로 주어지는 기본 질서가 주를 이루고 비선형 항은 이 주된 흐름에 작은 섭동을 일으키지만, 곧 사라지는 것으로 생각하였다. 어떤 분야에서는 이런 분석 방법이 큰 성공을 거두기도 하였다.

그러나 자연의 실제 모습은 그런 물리학자들의 이상과는 다르다는 것이 밝혀지기 시작한 것이다. 로렌츠가 그의 기상 모델에서 발견한 나비효과는 비선형 항이 작용한 결과이다. 비선형 항이 들어 있는 방정식의 정확한 해를 구하는 것은 불가능하므로 그동안 근사적인 해만 구해서 그 결과가 선형 방정식의 해와 큰 차이가 없다는 것을 보이는 것으로 만족했으므로 오랜 시간 후에 큰 차이가 난다는 사실이 묻혀 왔었다.

그런데 로렌츠는 매우 초보이긴 했지만, 컴퓨터를 이용하여 오랜 시간이 지난 후 비선형 방정식의 해가 어떻게 되는지 알아볼 수 있었기 때문에 이러한 현상을 발견할 수 있었다. 로렌츠가 그의 기상 모델에서 알게 된 또 하나의 사실은 그가 얻은 방정식의 해가 위상공간에서는 복잡한 기하학적인 구조로 나타난다는 사실이었다.

혼돈 현상이라고 부르는 이러한 현상을 이해하기 위해서는 위상공간에 나타나는 이러한 기하학적 구조를 이해하는 것이 필요하다는 것을 알게 되었다. 그런데 이러한 기하학적인 구조는 자연계에 널리 존재한다는 것이 이미 물리학이 아닌 다른 분야에서 연구되고 있었다. 이러한 기하학적 구조가 바로 프랙탈(fractal) 이라고 부르는 기하학적 구조이다. 로렌츠의 이러한 발견은 혼돈 현상을 해석하는 새로운 가능성을 제시하는 것이었다.

나뭇가지들이 일정한 거리의 비가 되는 점에서 두 가지로 갈라져 가면 가지의 어느 부분을 선택하여 확대를 해도 전체의 나무 모양과 같은 모양을 얻을 수 있다. 이러한 성질을 자기 유사성이라고 한다. 자기 유사성을 가지는 이러한 기하학적 구조를 프랙탈 구조라고 한다.

예를 들면 눈송이도 프랙탈 구조로 되어 있다. 한 변의 길이가 1인 정삼각형을 생각해 보자. 이 정삼각형의 세 변 위에서 한 변의 길이를 3등분하여 가운데 부분에 3등분된 길이를 한 변의 길이로 하는 정삼각형 세 개를 만들자. 그리고 다음에는 이렇게 만들어진 작은 삼각형의 모든 변 위에서 같은 일을 반복해 보자. 이런 일을 계속해 나가면 눈송이 모양의 아름다운 구조가 나타나는 것을 알 수 있을 것이다. 이런 구조를 코흐의 곡선이라고 부르는데 실제의 눈송이 모양은 이런 구조를 바탕으로 하고 있다.

이러한 프랙탈 구조는 자연의 구조물에는 물론 수학적 분석, 생태학의 로지스틱 맵, 위상공간에 나타내진 동역학의 운동 모형 등 여러 곳에서 발견되어 자연이 가지는 기본적인 구조라는 것을 알게 되었다.

공간구조로서의 프랙탈과 비선형 동역학은 위상공간에서 만나게 된다. 따라서 프랙탈 구조에 대한 이해를 통하여 불규칙해 보이는 자연의 공간적인 구조 속에서 그 속에 내재해 있는 규칙을 찾아낼 수 있고, 혼란스러워 보이는 비선형 동력학의 현상을 지배하는 규칙도 찾아낼 수 있게 된 것이다. 프랙탈 기하학은 혼란스러워 보이는 현상을 설명하는 새로운 언어고 등장하게 되었다.

위상공간의 각 점은 운동 상태를 나타낸다. 따라서 오랜 시간이 흐른 후에 운동하는 질점이 일정한 상태로 다가가 안정한 상태가 된다면 위상공간에서는 운동상태가 한 점으로 다가가는 것으로 나타날 것이다.

예를 들어 감쇄진동의 경우에는 저항력으로 인해 점점 에너지가 줄어들어 마침내는 평형점에 멈추어 서게 되는데 이 평형점은 위상공간에서 원점이다. 이런 경우에 감쇄진동은 위상공간에서 원점으로 수렴하는 것으로 나타날 것이다. 그러나 저항력이 없는 조화진동에서는 한없이 진동을 계속하므로 위상공간에서 조화진동을 나타내는 궤적은 원이다.

이렇게 오랜 시간이 지난 후에 어떤 계가 안정된 상태로 수렴하게 될 때 위상공간에서 이 안정한 상태를 나타내는 궤적을 끌개라고 한다. 감쇄진동의 경우에는 원점이 끌개가 된다. 그리고 조화진동의 경우에는 원이 끌개가 된다. 이와 같이 끌개는 위상공간 위의 한 점일 수도 있지만 원과 같은 기하학적인 도형으로 나타나기도 한다. 혼돈 운동의 끌개를 위상공간에 그려보면 전형적인 프랙탈 구조를 하고 있다. 이렇게 프랙탈 구조를 갖는 끌개를 기이한 끌개라고 한다.

이렇게 해서 자연에 존재하는 기본 구조인 프랙탈 구조와 혼돈스런 비선형 운동과의 관계가 밝혀졌다. 따라서 프랙탈 구조에 대한 이해는 혼돈운동을 이해하는데 매우 중요하다는 것을 알게 되었다. 이제 물리학에서는 혼돈스러운 운동을 분석할 수 있는 새로운 강력한 분석방법을 갖게 된 것이다.

이러한 발견은 물리학계는 물론 과학 전체에 큰 충격을 주었다. 자연에서 흔히 발견되는 무질서하고 혼란스런 운동도 규칙운동과 같이 잘 정의된 방정식으로 나타날 수 있는 운동의 한 부분이고 따라서 규칙운동과 같이 분석할 수 있다는 것이다. 이렇게 그 생성원인을 알 수 있어서 새로운 방법으로 분석이 가능한 혼돈현상은 그 원인을 알 수 없어서 분석이 가능하지 않은 것과는 다르다.

따라서 이러한 혼돈현상을 결정론적 혼돈이라고 부른다. 지금까지 전통적인 방법으로 파악되지 않아서 혼돈으로 치부되던 많은 현상들이 새로운 방법에 의해 분석 가능해짐으로 우리가 분석 가능한 자연 현상의 영역은 매우 넓어졌다. 아직 시작된 지 얼마 안 되는 혼돈과학의 연구가 진척되면 앞으로 자연에 대한 이해가 훨씬 넓고 깊어질 것으로 생각된다.

28. 슈뢰딩거 방정식

오스트리아의 빈에서 태어난 슈뢰딩거는 드 브로이의 물질파 이론에 감명을 받아 고전적인 파동이론으로부터 알려진 수학적 수단을 써서 좀 더 그의 생각을 탐구하는 방법을 알아냈다. 전자기파나 음파 등의 파동은 파동의 공간 변화와 시간 변화를 연결시킨 '파동방정식'이라 불리는 식을 따른다. 이 방정식을 사용하면 여러 가지 파동의 성질을 알아낼 수 있다.

슈뢰딩거는 일반적으로 받아들여지는 뉴턴 역학의 방정식을 바꾼 파동방정식이 원자 내 입자에 대해서도 세워져야 한다는 생각을 하였다. 1926년 그는 여러 가지 논문을 발표했는데, 그중의 하나에서 '슈뢰딩거 방정식'이 나왔다. 이 방정식은 곧바로 원자물리학의 새로운 지평을 열게 된다.

슈뢰딩거 방정식은 모든 상황에 적용될 수 있는 것은 아니다. 그 이유는 물질 입자의 속도가 빛의 속도에 비해 훨씬 작다는 것과 입자의 수는 변하지 않는다는 것을 가정하기 때문이다.

이후 보다 넓은 범위의 조건에 대해서도 성립하는 보다 일반적인 방정식이 나왔는데 그럼에도 불구하고 슈뢰딩거 방정식은 아주 많은 현상, 특히 원자나 분자 수준에서 나타나는 현상에 적용할 수 있는 좋은 근사식이다. 이것은 보어의 모델이 실패한 현상들을 잘 설명한다.

슈뢰딩거 방정식을 원자 내의 전자파에 적용하면 일련의 해들이 얻어지고 각각의 해는 다른 에너지와 운동량을 갖는 갇혀진 파동에 대응한다. 이와 같은 해들은 '파동함수'라고 불린다. 이로 인해 왜 원자 내 전자는 확정된 일정한 에너지 상태를 갖는지에 대한 비밀이 풀리게 된다.

전자의 파동함수의 모양은 어떠할까? 파동은 갖가지 형태이고 일종의 대칭적인 구름 형태를 만들고 있다. 이 구름의 밀도는 그 점에서 전자가 발견될 확률과 관계가 있다. 구름의 밀도가 높은 곳일수록 실험에 의해 그곳에서 전자가 발견될 기회가 많아지게 된다.

그렇다면 구름으로 정의된 영역 중에서 전자는 어떠한 경로를 따라서 운동하고 있는 것일까? 이 질문에는 정답이 없다. 왜냐하면 전자는 파동성을 가지고 있기 때문이다. 상자속에 갇혀진 파동은 상자 전체를 운동하는데 그 경로를 정의할 수 없다. 만약 전자의 위치를 실험적으로 정할 수 있다면 전자가 어떤 한 점에 존재한다는 것을 발견하게 된다. 그렇다면 어떻게 해서 전자는 경로가 없는 파동이라고 주장할 수 있을까? 이는 실험의 실행이 원자 본래의 성질을 변화시키고 전자를 갑자기 어느 한 점의 확정된 위치를 갖게 만들기 때문이다. 다시 말하면 측정이 전자의 파동성을 모호하게 하고 입자성을 부각시키는 것이다.

만약 전자가 원자핵 주위를 원운동하고 있지 않다면 전자는 어떻게 해서 각운동량을 가지게 되는 것일까? 양자역학에서는 운동량이 반드시 질량과 연관되지 않는 것처럼 각운동량은 회전 운동과 반드시 연관되지는 않는 독립적인 양이다. 원자 내 전자의 각운동량에 대해 구체적인 설명을 준 것은 보어의 모델이다. 전자구름 모델은 많은 다른 성질들을 설명하지만 전자의 각운동량의 기원에 대한 설명은 되지 못한다.

29. 핵력

　채드윅에 의해 중성자가 발견되자 양의 전하를 갖는 입자와 중성 입자가 어떻게 결합하여 원자 내의 핵을 이룰 수 있는지에 대한 의문이 생겼다. 같은 부호의 전하는 서로 반발하는데 어떻게 해서 핵은 안정된 것일까?

　이 생각은 핵에 무엇인가 다른 종류의 힘이 존재해야 한다는 것이 명백해지게 만들었다. 이 힘을 '핵력'이라 부른다. 이것은 핵의 구성 입자들을 서로 묶어주고 양성자 간의 전기적인 반발력보다 강한 것이다. 이를 뒷받침하는 결과는 1934년 케임브리지에서 나왔는데 그곳에서는 채드윅과 골드하버가 중수소에 대한 감마선의 영향을 조사하고 있었다. 그들은 감마선을 쪼였을 때 중수소는 중성자를 방출하여 보통의 수소 핵이 된다는 것을 발견하였다.

　이 실험으로 중성자의 질량이 아주 정확하게 측정되었고, 중수소 핵 내부의 양성자와 중성자를 묶고 있는 힘의 크기를 추정할 수 있었다. 그 후 이 힘은 중성자와 중성자, 중성자와 양성자, 양성자와 양성자 사이에서 모두 같다는 것이 밝혀졌다.

양성자만으로는 서로 간에 작용하는 반발력 때문에 안정한 핵을 만들 수 없다. 중성자는 전하가 없으므로, 양성자와 양성자 사이에 들어가 끌어당기는 힘으로 반발력이 미치지 못하게 하여 핵을 안정하게 한다. 이 생각은 가벼운 핵종에서는 중성자의 수가 양성자의 수와 같은 반면, 무거운 핵종에서는 중성자의 수가 비교적 많은가를 설명해 준다. 양성자의 수가 증가할수록 각각의 양성자는 다른 모든 양성자들로부터 반발력을 한층 강하게 받으므로 더 많은 중성자를 필요로 하는 것이다.

양성자와 중성자는 질량과 핵력의 영향 아래서 성질이 매우 비슷하기 때문에 공통의 이름인 '핵자'라고 불린다. 그것들은 전하를 갖거나 갖지 않는 두 가지의 형태로 나타날 수 있는 하나의 입자로도 볼 수 있다. 중성자는 어떤 조건하에서 양성자로 변할 수 있고, 그 반대 또한 가능하다. 원자핵 바깥의 자유로운 중성자는 약 16분의 평균 수명을 가진다. 그리고 나서 자연적으로 양성자로 바뀐다. 이 전환은 전자와 중성미자를 방출함으로써 이루어진다. 원자핵 내의 중성자는 안정하고 수명이 무한하다. 단, 베타선을 방출하는 방사성 원소는 예외인데, 그러한 방출은 핵 내부의 중성자가 양성자로 바뀌는 과정을 포함하고 있기 때문이다. 자유로운 양성자는 안정한 입자이지만 어떤 조건하에서는 중성자로 바뀔 수 있다.

중성자의 발견은 원자핵 물리학에 커다란 영향을 미쳤는데 이는 중성자가 원자핵을 분열시키기 위한 유일한 투사체이기 때문이다. 중성자는 전기적으로 중성이므로 느린 속도에서도 핵이나 그 둘레 전자의 전기적 반발력에 의해 감속되지 않고 쉽게 핵에 침입할 수 있다. 1934년 퀴리와 졸리오 팀에 의해 인공방사능이 발견되었을 때, 중성자를 핵에 때리는 것은 방사능 생성에 특히 유효하다는 것이 알려졌다. 엔리코 페르미는 핵에 특히 쉽게 침입하는 것은 느린 중성자라는 것을 발견했다. 그는 물이나 파라핀을 통과시켜 감속시킨 중성자를 핵에 쬐어서, 그때까지 알려진 거의 모든 핵으로부터 방사성 동위체를 만드는 데 성공했다.

1930년대 후반에는 우라늄에 중성자를 때리면 우라늄 원자핵은 많은 가벼운 핵으로 분열하고, 이때 다량의 에너지가 나온다는 중요한 사실이 발견되었다. 이 과정은 후에 원자폭탄으로 응용되었다.

30. 마이켈슨의 실험

마이켈슨은 1852년 독일에서 태어나 2살 때 부모님과 함께 미국으로 이민을 갔다. 그는 해군사관학교를 졸업하고 2년 동안 해군으로 근무하다가 다시 해군사관학교로 돌아와 물리학을 가르쳤다. 이때부터 마이켈슨은 빛의 속도를 측정하는 실험을 하여 평생 빛에 대한 연구를 한다.

1883년 그는 현재의 케이스 웨스턴 리저브 대학의 물리학 교수가 되었고 당시 최고의 성능을 가진 간섭계를 만들었다. 1887년 광학에 관심이 많던 화학과 교수인 몰리와 함께 빛에 대한 연구를 같이 계속해 나갔다.

빛의 전파에 대한 마이컬슨의 지대한 관심과 진공 중에서의 빛의 속력 측정으로부터 그는 모든 것에 스며들어 있는 에테르에 대한 태양계의 궤도를 회전하는 지구의 상대 속력을 결정할 수 있을지도 모른다는 생각이 들었다. 에테르는 당시에 우주의 한 특성으로 받아들여지고 있었다. 빛에 대한 맥스웰의 전자기 이론은 빛이 진공을 통하여 파동처럼 전파됨을 보여주었으며, 파동의 전파에는 매질이 필요하다고 생각되었으므로 그러한 매질로서 빛을 발하는 에테르가 제안되긴

했지만, 에테르가 존재한다는 실험적 증가가 얻어진 적은 결코 없었다. 마이컬슨은 지구와 같은 방향으로 움직이는 빛의 속력과 지구의 운동과 직각 방향으로 움직이는 빛의 속력을 비교하여 에테르를 찾아낼 것을 제안했다. 그러면 이 두 속력 사이의 차이는 지구의 운동을 보여줄 뿐 아니라 그 궤도 위에서 지구가 움직이는 실제 속력을 알려주게 된다.

이 실험의 이론적 기반은 만일 에테르가 존재한다면 움직이는 자동차가 그 뒤편에 지나가는 공기의 흐름을 만드는 것과 똑같은 이치로 지구의 운동이 그 속도에 반대방향을 향하는 에테르의 흐름을 유발할 것이라는 점이다. 지구에서 측정된 빛의 속력은 빛이 이 흐름에 평행하게 움직이든지 또는 이 흐름에 수직하게 움직이는지에 따라 에테르의 흐름에 영향을 받게 되거나 또는 받지 않게 될 것이다.

이러한 분석을 강에서 같은 빠르기로 수영하는 두 명의 사람에게 적용하면 상황이 비슷하다. 한 사람은 강물이 흐르는 방향으로 수영하여 주어진 거리를 갔다 돌아오고, 다른 사람은 같은 시각에 같은 위치에서 출발하여 같은 거리를 강을 가로질러서 갔다가 돌아온다고 하자. 수영하는 두 사람은 출발한 위치로 동시에 돌아올 수 없다. 속력을 더하는 간단한 수학적 덧셈 법칙으로 알 수 있듯이, 강을 가로질러서 수영한 사람이 항상 먼저 돌아온다.

만일 빛이 공간의 모든 곳에 스며들어 있는 고정된 에테르를 통하여 전파된다면, 지구의 운동으로 만들어진 에테르의 흐름은 지구의 운동 방향으로 움직이는 빛이 광원으로부터 일정한 거리에 놓인 거울에 부딪혀 반사하여 돌아오는 경우가 지구의 운동방향과 수직으로 움직이는 빛이 같은 거리에 놓인 거울에 반사하여 돌아오는 경우보다 더 느리게 되어야 한다.

마이컬슨과 몰리의 실험 장치는 무척 민감했으며 태양의 주위를 도는 지구의 속력이 실제 매초 30km 대신에 매초 1km라 할지라도 두 빛이 왕복하는 운동의 시간 차이를 감지할 수 있도록 설계되었다. 그들은 어떠한 차이도 찾아낼 수 없었으며 마이컬슨은 실망 속에서 실험은 실패라고 생각하였다.

마이컬슨은 자신의 실험을 제쳐놓고 아무런 중요성도 없다고 잊어버렸지만, 당시의 물리학자들은 이 결과 속에 비록 그 중요성이 어느 정도인지는 모르지만, 자연에 관한 매우 중요한 진술이 들어있음을 알아차렸다.

이는 고전 과학에서 주장하였던 에테르가 실질적으로 존재하지 않으며 빛의 속도는 관찰자의 운동에 관계없이 항상 일정하다는 결론이 도출되었다.

마이켈슨과 몰리의 이 실험은 아인슈타인이 특수상대성이론을 발견하는데 있어 아주 중요한 단서가 되었고, 마이켈슨은 이 공로로 1907년 미국인 최초로 노벨상을 수상하였다.

31. 지구의 자전축

우리나라에 봄, 여름, 가을, 겨울 사계절이 있을 수 있는 이유는 지구의 자전축이 23.5도 기울어진 채로 태양을 공전하기 때문이다. 지구는 왜 이렇게 자전축이 기울어져 있는 것일까?

태양계 내의 다른 행성들은 어떨까. 그들의 자전축은 지구와 비슷할까. 그렇지는 않다. 태양계 행성들의 자전축의 각도는 제각각 다르다. 수성은 0.04도, 금성은 177도, 지구는 알다시피 23.5도, 화성은 25도, 목성은 3도, 토성은 26.7도, 천왕성은 98도, 해왕성은 28도이다. 특이한 것은 금성의 자전축 기울기는 무려 177인데 이는 완전히 거꾸로 서서 도는 것과 마찬가지이다. 여기서 질문이 나올 법하다. 177도라면 수성과 마찬가지로 그냥 거의 기울어지지 않은 채로 공전하는 것이 아닌가 싶지만 그렇지는 않다. 자전축의 정의는 그 행성의 자전축과 공전축 사이의 각도를 말하므로 금성은 거꾸로 서서 도는 것과 마찬가지이다. 사람으로 말하면 물구나무선 채로 돌고 있다는 뜻이다. 또한 천왕성은 98도이므로 이것은 옆으로 누워서 회전하는 것과 마찬가지이다.

그렇듯 태양계 내의 행성들은 각도는 다르지만 모두 자전축이 기울어진 상태로 태양 주위를 공전하고 있다. 왜 자전축이 기울어져 있는 것인지 알아보기 위해서는 태양계가 처음 태어나는 그 순간으로 시간을 돌려 보면 이해를 할 수 있다. 하지만 아직까지 학설로만 주장되는 것이고 증명된 것은 없다. 그래도 그러한 이유를 살펴보는 것은 의미가 있을 것이다.

태양계가 생긴 것은 지금으로부터 약 45~47억 년 전이다. 당시 태양계는 지름이 어마어마하게 큰 거대한 성운이 회전하면서 만들어지기 시작했다. 성운의 성분 중에 원자들이 주축인 구름이 만유인력에 의하여 태양이라는 별로 탄생하게 된다. 그리고 그 주변의 찌꺼기들이 지구를 비롯한 태양계의 행성과 그 행성을 도는 위성들을 형성하게 된다. 학자들은 행성들의 자전축이 기울어진 이유는 태양계의 행성들이 형성되기 시작할 때쯤 태양계 내의 무수한 소행성들이 있었는데 태양의 만유인력으로 인해 이러한 소행성이 태양계 내에서 운동하다가 각 행성과 부딪히면서 그 충돌로 인해 자전축이 기울어졌다고 보고 있다. 당시의 소행성들은 무지막지하게 커서 각 행성과 부딪힐 때 그 행성의 운동 자체에 엄청난 영향을 줄 수가 있었고 그러한 충격들이 누적되어 자전축이 기울어진 상태가 되었다는 것이다. 그리고 어느 순간부터 그러한 충돌이 줄어들어 더 이상의 충격은 없게 되어 그 상태에서 더 이상의 변화는 없이 관성에 따라 자전축이 기울어진 상태로 태양을 공전하며 지금까지 왔다고 주장한다.

지구의 자전축이 23.5도 기울어진 것은 어찌 보면 태양계 형성과정에서 생긴 우연에 의한 것이라 할 수 있다. 과학에는 이렇듯 우연에 의한 현상이 셀 수 없이 많다. 이유나 목적은 모르지만 그러한 일들이 생기는 것이다. 그리고 그 우연은 시간이 지나 필연으로 남게 된다. 우리가 사계절을 가질 수 있는 것은 이러한 우연에 의한 필연이라고 밖에 할 수 없다.

32. 지구는 왜 구형일까?

우리가 살고 있는 지구는 반지름이 약 6,400km인 구형의 형태이다. 지구는 왜 동그란 구형의 모습을 가지고 있는 것일까? 생각해 보면 지구 말고 태양계의 행성이 모두 구형이다. 수성, 금성, 화성등 모두 예외 없이 동그랗다. 심지어 우리 태양계의 중심인 태양도 또한 구형이다. 우리 태양계 밖 다른 태양계의 별이나 행성들도 거의 대부분 구형의 모습이다. 왜 그런 것일까?

그것은 바로 태양 같은 별이나 그 별 주위를 도는 행성들이 처음 탄생할 때 만유인력에 의해 물질들이 끌어당겨져 모이면서 태어났기 때문이다. 어떤 물질이 공간에 존재할 때 빛을 제외하고는 모두 질량을 갖고 있다. 이러한 질량은 만유인력에 의해 서로 끌어 당겨진다. 물론 그 만유인력이 사방에 존재하지만 많은 물질 중 어떠한 한 물체의 질량이 다른 것에 비해 더 무겁다면 이 물체가 만유인력의 중심이 된다.

이로 인해 질량이 가장 무거운 물체가 자신을 중심으로 그 주위의 물질들을 다 끌어당기기 시작하게 된다. 그 주위의 물질이 모여서 질량이 점점 더 커지면 커질수록 주위의 물질들을 더욱 중심으로 끌어당기게 된다. 이로 인해서 모여진 물질은 당연히 질량의 중심을 기준으로 구의 형태를 띨 수밖에 없다. 사방으로 거리가 일정한 형태의 구가 만유인력을 작용시키는 힘의 중심에서 가장 안정될 수밖에 없기 때문이다.

그렇기에 우주 공간에 있는 무수한 별들이나 행성이 대부분 동그란 구형이 될 수밖에 없다. 물론 우주 공간에는 구형이 아닌 물체들도 상당히 존재하고 있다. 예를 들어 혜성 같은 것은 긴 꼬리가 있는 길쭉한 형태이다. 혜성의 형태가 이렇게 되는 이유도 또한 만유인력 때문이다. 태양으로부터 먼 거리에 있지만, 그 인력에 의해 끌려오는 혜성은 다른 행성과 같이 항상 일정한 궤도에서 공전하지 못하고 태양의 엄청난 인력 때문에 길쭉한 형태인 심각하게 찌그러진 타원궤도를 돌면 지구를 공전하기에 구의 형태를 띠지 못하는 것이다.

지구가 동그란 기하학적인 구형의 모습이기는 하지만 완전한 구는 아니다. 구란 기하학적으로 한 점으로부터 일정한 거리여야 하지만 사실 지구의 반경이 완전히 같지는 않다. 지구의 적도반경은 6,378km인 반면에 극 반경은 6,357km이다. 적도 부근이 극지방 보다 약 21km 더 크다. 이것은 바로 지구의 자전 때문이다. 지구의 자전은 적도 방향으로 극 방향보다 약간 더 큰 원심력을 만들어내게 된다. 이 원심력에 의해 지구가 탄생하면서부터 지구의 적도반경이 극 반경보다 조금 더 커지게 된 것이다. 만약 지구가 자전하지 않았다면 완전한 구형이었을 것이다. 만약 그렇게 되었더라면 지구 한쪽은 1년 내내 낮이고 반대쪽은 웬만한 생명체도 살아남기 힘든 1년 내내 밤이었을 것이다. 태양 에너지가 1년 내내 그쪽에는 도달하지 않을 것이기 때문이다.

이렇듯 가만히 생각해 보면 자연이란 정말 오묘하고도 신비롭기까지 한 것 같다. 인간으로서는 상상할 수 없는 정말 엄청난 설계자가 바로 자연이다.

33. 하루는 왜 24시간일까?

너무나 당연하다고 생각하는 것에 우리는 질문을 잘 하지 않는다. 하늘은 왜 파란 것일까? 석양의 노을은 왜 빨간색일까? 이런 문제를 우리는 그저 받아들이는 경우가 대부분이다. 하지만 깊이 생각해 보면 자연에는 심오한 진리가 들어 있기 마련이다.

하루는 왜 24시간일까? 이제까지 15년 넘게 물리학을 가르쳐 왔지만 이러한 질문을 받아본 적은 없었다. 학생들이 어릴 적부터 너무나 당연하다고 생각해 왔기 때문이다.

하루가 24시간으로 나뉘는 이유는 우리의 생활과 가장 관계 있는 태양의 활동과 관련되어 있다. 하루의 시작과 끝이 태양을 기준으로 결정되어 왔기 때문이다. 그런데 하필이면 왜 24시간일까? 그것은 하루에 태양이 우리를 기준으로 원을 한 바퀴 돌고 있는 것과 관계된다. 즉 하루가 24시간으로 나눈 것은 원의 분할과 관련이 있는 것이다.

누가 하루를 24시간으로 처음 나눈 것일까? 그것은 알 수가 없다. 너무나 오래전부터 그러한 것을 사용해 왔기 그에 대한 기록도 남아 있지 않기 때문이다.

아주 오래전부터 이러한 것을 사용해 왔기 때문에 많은 사람이 편하게 사용할 수 있기 위하여 그러한 것을 결정한 것은 너무나 당연하다.

원을 분할 할 때 몇 도로 나누는 것이 가장 편할까? 사실 24로 나누었다는 것은 수학의 24진법이라 할 수 있다. 하지만 우리는 흔히 24진법에 익숙하지 못하다. 그럼에도 불구하고 24로 나눈 이유는 그것이 결국 우리에게 더 편할 수밖에 없기 때문이다.

만약 우리가 10진법이 편하다고 하여 원을 10으로 분할한다고 가정해 보자. 원의 둘레는 360도이므로 10으로 나누어 버리면 우리는 360도를 10으로 나눈 36도로 작도하고 계산해야만 한다. 36도가 기본 단위가 된다면 이는 사용하기에 너무나 불편한 결과만 초래하므로 아예 그렇게 나누지 않는 것이 낫다.

일상생활에서는 누구나 편하게 사용하는 것이 가장 이상적인 것이다. 세종대왕이 훈민정음을 만든 목적이 무엇일까? 오로지 우리 백성 누구나 편하고 쉽게 글씨를 쓸 수 있도록 하기 위함이었다. 여기에 세종대왕과 한글의 위대함이 존재하는 것이다.

원을 분할할 때 사용하기 편한 분할각은 얼마일까? 360도이기 때문에 60도나 30도 또는 15도로 분할하는 것이 우리가 사용하기에는 가장 편하다. 그리고 이러한 것 중에 하나를 고르면 게임은 끝나는 것이다. 하루 360도를 60으로 나누면 6개, 이것은 시간 간격이 너무 크다. 하루에 6개의 분할된 시간밖에 존재하지 않기 때문이다. 30으로 나누면 12개, 이것은 어느 정도 받아들일 만하다. 조선 시대 우리 선조들이 십이지인 자축인묘진사오미신유술해를 이용해 하루를 12시간 간격으로 나눈 것이 바로 이런 이유 때문이었다. 하지만 12시간 분할을 사용하다 보면 그것도 시간 간격이 생각보다 너무 크다는 것을 느낀다. 그래서 360도를 15도로 나눈 24시간이 우리가 가장 편하고 쉽게 사용할 수 있기에 그렇게 나누었던 것이다.

그럼 한 시간을 왜 60분으로 나누었을까? 그것은 60이라는 숫자가 많은 약수를 포함하고 있기 때문이다. 60은 1, 2, 3, 4, 5, 6, 10, 12, 15, 20, 30, 60이라는 우리가 사용하는 숫자 중에 많은 약수를 포함하고 있기에 사용하기 너무나 편리할 수밖에 없다. 만약 한 시간을 10으로 나누면 약수는 1, 2, 5, 10밖에 되지 않으므로 사용하기가 여간 불편한 것이 아니다.

우리 일상생활에서 너무 당연한 것 같아 보이는 것도 그만한 이유가 다 존재한다. 이것은 바로 자연과 함께 살아가야 하는 인간의 선택할 수 있는 최고의 선택지이기 때문이다.

34. 일반 상대론의 탄생

    만약 어떤 사람이 아주 높은 고층 건물에서 뛰어내려 자유 낙하를 한다면 그 사람은 자신의 몸무게를 느끼지 못한다. 이와 비슷하게 아주 빠른 고속 엘리베이터가 정지했다가 가속적으로 빠르게 내려갈 때 우리는 몸무게가 감소하는 것처럼 느끼게 된다. 만약 우리가 아주 빠르게 올라가는 엘리베이터를 타면 몸무게가 증가하는 것처럼 느낄 수 있다. 이러한 것은 단지 우리의 느낌만은 아니며 실제로 저울로 측정을 해보아도 몸무게의 변화가 생기는 것을 쉽게 관찰할 수 있다.

    공기의 저항 없이 자유낙하를 하는 엘리베이터인 경우에는 우리의 몸무게를 전혀 느낄 수 없게 된다. 비행기를 타고 아주 높이 올라간 다음 갑자기 아래로 빠르게 떨어지면 그 순간 무중력 상태에 접근할 수 있다. 그 비행기 안에서 우리는 비행기 바닥으로부터 위로 붕 뜨게 된다. 실제로 우주 탐험을 하는 우주인들은 자신들이 지구 밖으로 가기 전에 이러한 무중력 훈련을 여러 차례 하게 된다.

    이러한 것을 직접 관찰하기 위하여 과학 실험을 할 수 있는 필요한 모든 장치를 갖춘 창문 없는 실험실이 우주선 속에 밀폐되어 있다고 가정하자. 어느 날 어떤 한 물리학자가 잠을 자고 일어나 자신이 실험실에서 자신의 몸무게가 사라졌음을 깨닫는다. 이것은 모든 중력원에서 멀리 떨어져 정지해 있거나, 등속으로 공간을 움직일 때 혹은 그가 어떤 행성을 향하여 자유 낙하하는 경우에 가능하다.

알버트 아인슈타인이 상대성이론에서 생각한 가설은 그와 같은 물리학자가 무중력 공간에 떠 있는지, 중력장에서 자유 낙하를 하고 있는지를 밀폐된 실험실에서는 알아낼 수가 없다는 것이었다. 이 두 가지 경우는 완전히 동등하기 때문에 아인슈타인은 이를 등가 원리(equivalence principle)라고 불렀다.

이 아이디어는 간단한 것 같지만 커다란 결과를 낳는다. 예를 들어 양쪽 절벽에서 바닥이 없는 아래로 동시에 뛰어내리는 한 소년과 소녀가 무슨 일이 일어날지 상상해 보자. 공기 저항을 무시한다면 떨어지는 동안 이들 두 사람은 똑같은 비율로 아래쪽으로 가속을 받고 아무런 외부의 작용을 느끼지 못할 것이다. 이들은 중력이 없을 때처럼 서로를 향하여 똑바로 공을 던지며 주고받으면서 낙하할 수 있다. 공도 이들과 같은 비율로 떨어지기 때문에 항상 두 사람을 잇는 직선 위에 있을 수 있게 된다.

이러한 두 소년과 소녀 사이의 공 받기 게임은 지구 표면에서의 공 받기를 하는 것과 매우 다르다. 중력을 느끼며 자란 모든 사람은 일단 공을 던지면 공이 땅에 떨어진다는 것을 안다. 따라서 다른 사람과 공 받기를 하려면 상대방이 공을 잡을 때까지 공이 원호를 따라 앞으로 움직이면서 올라갔다가 내려가도록 위쪽 방향으로 조준을 해서 던져야 한다.

이제 자유 낙하하는 소년과 소녀 그리고 공을 그들과 함께 떨어지는 아주 큰 상자 안에 고립시켰다고 가정해 보자. 이 상자 안에 있는 누구도 어떤 중력을 느끼지 못한다. 만약 이 소년과 소녀가 공을 놓아 버린다 해도 공은 상자의 밑이나 그 외에 어느 곳으로도 떨어지지 않고, 어떤 운동이 주어졌느냐에 따라 그 자리에 머물러 있거나 직선으로 움직인다.

지구를 선회하는 우주선을 타고 있는 우주인들은 자유낙하 상자 안에 갇힌 것과 같은 환경에서 생활을 한다. 궤도를 도는 우주 왕복선은 지구 둘레를 자유 낙하하고 있다. 자유 낙하 하는 동안 우주인들은 중력이 없는 세계에 사는 것과 마찬가지이다. 어떤 물체를 던지면 그것은 일정한 속도로 가로질러 움직이게 된다. 공중에 놓인 물체는 아무런 힘이 작용하지 않는 한 그 자리에 머물러 있게 된다.

우주 왕복선이나 우주인들은 중력에 이끌려 지구 주위에서 계속 떨어지고 있다. 왕복선, 우주인, 물체가 모두 함께 떨어지기 때문에 왕복선 안에 중력이 없는 것처럼 보이는 것일 뿐이다.

우주인들에게는 지구 주위를 낙하하는 것이 모든 중력의 영향하에서 멀리 떨어진 우주 공간에 있는 것과 똑같은 효과를 나타내는 것이다. 등가원리의 가장 대표적인 예라 할 수 있다.

아인슈타인은 등가원리가 자연의 기본 성질이며 우주선 내에서 무중력이 아주 먼 우주 공간에 떠 있기 때문에 생긴 것인지 아니면 지구와 같은 행성의 부근에서 자유낙하로 인해 생긴 것인지를 구분하는 실험을 우주인들은 할 수 없다고 생각했다.

이번에는 빛으로 이러한 실험을 한다고 가정해 보자. 빛이 직진하는 것은 일상에서 볼 수 있는 가장 기본적 관찰이다. 모든 중력원에서 멀리 떨어진 빈 공간을 우주 왕복선이 움직인다고 가정해 보자. 우주선의 뒤쪽에서 앞쪽으로 레이저 같은 빛을 보내면 빛은 직선을 따라 그 빛은 전면 벽에 도달한다. 만약 등가원리가 실제로 우주선에 적용된다면, 지구 주변의 자유낙하에서 수행되는 같은 실험에서도 정확히 같은 결과가 나와야 한다.

우주인들이 우주선의 긴 쪽을 따라 빛을 비춘다고 상상해 보자. 우주 왕복선이 자유낙하를 할 때, 빛이 후면 벽을 떠나 전면 벽에 도달하는 시간 동안 우주선은 조금 낙하한다. 이러는 동안 빛은 직선을 따라가지만, 우주선의 경로가 아래로 구부러진다면, 빛은 출발 때 보다 전면 벽의 더 높은 점을 때려야 한다. 즉 이 경우는 등가원리를 위배하게 된다. 즉 두 실험 결과가 다르게 나타난다. 이럴 경우 우리는 두 가지 가정 중에서 한 가지를 포기해야만 한다. 등가원리가 옳지 않거나, 빛이 항상 직진하지 않는다는 것이다.

이 상황은 어쩌면 아무것도 아닌 것 같아 보여도 여기서 바로 아인슈타인의 일반 상대론이 탄생하는 계기가 되었다.

사실 이같은 실험 가정은 웃기는 것 같아 보여도 아인슈타인은 달랐다. 그는 이 아이디어를 구체화해서 만약 빛이 때때로 직선 경로를 따르지 않는다면 무슨 일이 일어날지를 상상했던 것이다.

등가원리가 맞는다고 가정한다면, 빛은 우주선에서 출발한 점의 정반대 편에 도달해야 한다. 아이들이 공을 주고받을 때처럼, 빛이 우주선의 지구 선회 궤도에 있다면 우주선과 같이 낙하해야 한다. 그 경로는 공의 경로처럼 아래로 굽게 되며, 빛은 출발했던 지점의 정반대 쪽 벽면을 때리게 될 것이다.

이것은 그리 큰 문제가 아니라는 결론을 내릴 수도 있겠지만, 빛은 공과 다르다. 공은 질량을 가지고 있지만 빛은 그렇지 않다. 여기서 아인슈타인의 천재성이 발휘된 것이다. 그는 이러한 이상한 결과에 대한 물리적 의미를 깊이 있게 생각했다. 아인슈타인은 지구의 중력이 실제로 시간과 공간의 구조를 휘어버렸기 때문에 빛이 휘어져서 왕복선의 전면에 닿을 수 있는 것이라고 생각했다. 즉 시공간이 변할 수 있다는 것이다. 이러한 아인슈타인의 획기적인 아이디어는 빛이 빈 공간에서나 자유낙하에서 모두 같으며, 그동안 가장 기본적이고 절대적이라고 생각했던 시간과 공간에 대한 인류의 너무나도 당연했던 개념을 완전히 바꿔야 했다. 이것이 바로 뉴턴의 절대 시공간이 무너지고 상대적인 시공간을 기초로 하는 일반 상대성 이론이 탄생하게 된 계기였던 것이다.

당연하다고 생각되는 것이 당연하지 않을 수도 있다. 또한 아무리 어려운 과학이론이라 할지라도 그것이 형성되는 기본 바탕은 기본적인 것에서 시작되는 경우가 많다. 그것을 구체화하느냐 못하느냐가 성패의 갈림길일 뿐이다.

35. 힘의 전달

사람 간에 의사를 전달하기 위해서는 이를 가능하게 해주는 무언가가 필요하다. 예를 들어 언어를 통해 서로의 의사를 주고받을 수 있고, 손짓이나 얼굴 표정으로도 어느 정도 가능하다. 이렇듯 서로 간의 소통을 위해서는 이를 매개해 줄 수 있는 매개체가 있어야 한다.

자연에 존재하는 힘에 있어서도 마찬가지이다. 힘이 전달되기 위해서는 이를 가능하게 해주는 힘의 전달자가 필요하다. 가장 대표적인 힘으로 만유인력 즉 중력 상호 작용을 생각해 보자. 중력은 우리에게 알려진 네 가지 힘, 즉 중력, 전자기력, 강한 상호작용, 약한 상호 작용 가운데 제일 힘의 세기가 약하다.

중력이 전달되기 위해서는 중력자 흔히 그래비톤(graviton)이라는 것이 있어야 한다. 그런데 중력이 아무리 작다고 할지라도 이를 전달하기 위해서는 중력자 수십억하고도 또 수십억 개가 참여한다. 중력자의 효과는 집단적으로 경험할 수 있을 뿐 중력자 하나는 경험할 수 없다.

비록 중력이 약하다 할지라도 우리가 이를 느낄 수 있는 것은 중력은 늘 인력으로만 작용하고 있기 때문이다. 이로 인해 가장 약하다는 중력이 우리를 지구 위에서 생활할 수 있도록 해주며 지구가 태양 주위를 돌 수 있는 것이다. 만약 중력이 전기력처럼 인력과 척력이 존재한다면 우리가 현재 겪는 일상생활은 불가능하게 된다.

중력 다음으로 약한 힘은 약한 상호 작용인데 이것은 방사능 핵에서 전자가 방출될 때나 기타 중성미자를 동원하는 다양한 변환을 일으킨다. 이러한 약한 상호 작용을 전달해주는 전달자는 W입자와 Z입자이다. 이들은 양성자보다 약 80배 무거운 입자들이다.

이탈리아 과학자 엔리코 페르미는 1934년 베타 붕괴 이론을 연구할 때 양성자, 중성자, 전자, 중성미자 사이에 직접 약한 상호 작용이 일어날 것이라고 생각했다. 하지만 이후 얼마간 물리학자들은 하나 이상의 매개 입자가 과정에 관여할 것이라고 추측했다. 중성자가 중성자인 순간, 중성자가 사라져서 양성자, 전자, 반중성미자가 등장하는 순간 사이의 아주 짧은 시간에 존재하는 입자가 있다고 생각했다. W입자와 Z입자는 1983년 제네바에 있는 유럽 입자물리연구소에서 발견되었다.

전자기 상호 작용을 매개하는 입자는 바로 광자이다. 1905년 아인슈타인이 광자를 연구한 이래 물리학자들은 광자를 전자 및 양전자와 연결하여 양자전기역학이라는 이론을 만들어 냈다. 광자는 질량이 없고 크기도 없는 기본 입자로서 전자기력의 전달자의 역할을 도맡아 하고 있다.

일본인 과학자 유카와 히데키는 매개 입자의 덩치가 클수록 매개 입자가 힘을 미치는 영역이 작아진다는 것을 알아냈다. 따라서 매개 입자가 점점 커지면 커질수록 그 힘은 점점 약해지며 그 힘이 미치는 범위는 점점 짧게 된다. 1970년대 압두스 살람, 스티븐 와인버그, 셀던 글래쇼우는 약한 상호 작용과 전자기 상호 작용은 한 상호 작용이라는 아이디어를 제안했다.

이들은 두 상호 작용의 핵심적 차이는 힘 전달자의 속성 차이일 뿐이라고 주장했다. 전자기력은 먼 범위까지 미치는 것은 전달자가 질량이 없는 광자이기 때문이다. 약한 상호 작용은 짧은 범위에 미치고 상대적으로 약하므로 그 힘의 전달자가 굉장히 커야 한다. W입자와 Z입자의 발견이 이들의 이론이 맞음을 확인시켜 주었다.

강한 상호 작용에서의 힘의 전달자는 바로 글루온이다. 전기적 전하는 띠고 있지 않지만 기묘한 조합의 색 전하를 가지고 있다. 예를 들어 파랑-반빨강, 빨강-반초록등과 같이 색-반색이라는 특이한 여덟 가지 종류의 조합이 존재한다. 글루온과 상호 작용하는 쿼크는 그때마다 색이 변한다.

글루온의 강한 힘에는 아주 놀라운 측면이 있는데, 중력이나 전자기력과는 다르게, 글루온의 인력은 거리가 멀어질수록 증가한다. 글루온은 쿼크나 다른 글루온이 경계를 벗어나지 못하게 감시하며, 멀어질수록 세지는 힘을 통해서 어떤 입자도 밖으로 나가지 못하도록 한다. 반대로 말한다며 이들은 가까워질수록 자유롭다. 이를 점근적 자유성이라고 한다. 우리 사람들은 대부분 가까워질수록 자유롭게 내버려 두지 않고

서로 더욱 구속하려고 하는 경우가 많은데 이와는 반대인 것
이다.

36. 별은 어떻게 태어날까?

별은 어떻게 탄생하는 것일까? 우주 공간에는 그야말로 셀수 없을 정도로 많은 수천억 개 이상의 별들이 있다. 이러한 별들은 도대체 어떻게 생기게 되는 것일까?

태초에 우주가 태어난 이후 시간이 흐르면서 밀도가 높은 영역은 점점 중력에 의해 주위의 물질을 끌어들여 수소와 헬륨으로 구성된 커다란 구름 덩어리를 만드는데 이를 성운이라고 한다.

하나의 구름에서 물질은 수많은 작을 것으로 쪼개지며 중력과 냉각으로 개개의 구름이 수축하게 되면 물질의 상호 충돌이 잦아져서 어느 순간 구름은 고온, 고밀도의 환경에 놓이게 된다. 따라서 각 구름의 중심부는 엄청난 고온, 고밀도에 놓인다. 이러한 환경에서 전자는 원자에서 탈출하여 양전하를 띤 핵과 음전하를 띤 전자의 플라즈마가 형성된다. 만약 처음의 구름의 크기가 크다면 핵융합이 일어날 만큼 핵들은 빠른 속도로 서로 충돌한다. 핵융합이 시작되면 성운에서 별이 탄생하게 된다.

핵융합은 에너지가 큰 광자와 엄청난 양의 열을 발산한다.

광자와 뜨거워진 입자는 중력에 거슬러서 바깥쪽으로 나가려고 한다. 따라서 별 내부에는 두 개의 상반되는 힘이 존재하게 된다. 중력은 입자들을 안으로 잡아당기지만, 핵융합 에너지는 입자를 밖으로 밀어내게 된다. 질량이 주어졌을 때, 이 두 힘의 균형이 별의 크기와 밀도를 결정한다. 평형 상태에 이르게 되면 고밀도의 중심부는 저밀도의 껍질에 둘러싸이게 된다.

거대한 성운에서 만들어진 최초의 별은 주위로 에너지를 발산하여, 성운의 가스를 덥히게 된다. 이렇게 뜨거워진 가스는 팽창하면서 압력과 밀도가 증가하게 된다. 하지만 최초의 별은 연료가 빨리 소진되면서 폭발하며 생을 마감하게 된다.

뜨거워진 가스는 주위를 감싼 성운 속으로 몰리면서 압력과 밀도를 더 높이는 충격파가 형성된다. 가스의 압력과 밀도가 임계점을 넘어서면, 분자 간의 중력이 입자를 한데 모을 정도로 강해진다. 이로 인해 다시 물질은 한곳으로 모일 수 있게 되고 또 다른 별이 탄생하는 것이다.

37. 함박눈

눈이 오는 날은 왠지 모르게 기분이 좋다. 첫눈이 오면 마음속에서 가장 좋아하는 사람을 만나고 싶다. 왜 그런 걸까? 눈이 하얗기 때문에 순수한 사랑을 꿈꾸었던 마음이 그리워서 그런 것일까?

눈이 많이 온 날은 온 동네 아이들이 집 밖으로 나와 뛰어다니며 신나게 놀곤 한다. 강아지들도 이리저리 눈 속에서 뛰어다니며 꼬리를 흔들고 좋아한다. 그러한 모습을 지켜보는 사람마저 행복하다.

눈은 추운 겨울에 오지만 눈을 보는 사람의 마음은 따뜻하고 포근하다. 온 동네가 눈으로 덮이면 왠지 모를 평화가 찾아온 듯하다. 그렇게 하얗게 눈이 덮인 길을 걸으면 내 마음에 위로도 되고 안식도 찾아온다.

펑펑 함박눈이 오는 날은 더욱 기분이 좋은 것 같다. 하늘에서 축복이 내려오는 것 같은 느낌이다. 주위에 있는 모든 것이 사랑스러워 보인다.

함박눈은 눈송이가 커다란 것인데 이렇게 큼직한 눈송이가 되려면 대기 중에 있는 수증기가 잘 달라붙어야 한다. 만약 수증기가 꽁꽁 얼게 되면 눈송이에 달라붙기가 쉽지 않다.

녹을 듯싶고 얼 것 같은 그러한 온도가 눈송이가 제일 커질 수 있는 조건이다. 기온이 너무 낮으면 눈이 만들어지지 않는다. 만약 섭씨 영하 40도 이하가 되면 눈송이는 대기 중에서 아예 형성되지도 않는다.

녹을 듯 얼듯한 상태가 제일 눈송이가 커질 수 있는 조건인데 이 경우는 기온이 그다지 낮지 않다는 뜻이다. 기온이 낮지 않으니 겨울치고는 상대적으로 포근하게 느껴질 수밖에 없다. 그렇기 때문에 함박눈이 내리는 날은 포근하다는 말이 나올 수 있는 것이다.

녹을 듯 얼듯한 상태보다 기온이 높으면 눈이 되지 않고 비가 될 수밖에 없다. 만약 이보다 기온이 낮으면 수증기가 잘 달라붙지 않는다. 대기 중에서 그냥 얼어붙어 눈송이에 달라붙기가 어려울 수밖에 없다. 수증기가 꽁꽁 언다는 것은 기온이 상대적으로 낮다는 뜻이다. 이런 날씨에는 함박눈이 내리지 않고 가루눈이 내릴 수밖에 없다. 이런 날은 겨울의 평균 기온보다 낮기 때문에 상대적으로 춥다고 느껴지게 된다.

함박눈이 오는 날은 밖으로 나가 눈을 마음껏 맞아보는 것도 좋을 것 같다. 하늘에서 내려주는 축복을 방안에서만 보고 있는 것은 너무나 아깝다는 생각이 든다. 펑펑 쏟아지는 눈을 맞으며 내 발자국도 남기고 하늘을 바라보면서 함박눈을 얼굴 가득히 맞아보는 것도 삶의 한 기쁨이 될 듯하다. 올해는 함박눈이 많이 내렸으면 좋겠다. 하늘에서 축복이 함박눈처럼 쏟아지는 기분이 들어 조그마한 행복이라도 느낄 수 있을 것 같다.

38. 오존층

지구의 성층권에서는 태양 빛이 산소를 오존으로 전환할 수 있다. 지표면으로부터 약 15km에서 50km 높이에서 오존의 농도가 가장 높다. 이 오존층은 태양에서 오는 자외선을 아주 효과적으로 흡수해서 지구 표면에 도달하는 해로운 자외선을 감소시킨다. 또한 이것이 효과적인 광합성을 가능하게 만든다. 만약 이것이 깨지면 지구상에 사는 모든 생명체에게 심각한 피해가 초래될 수 있다.

1970년 네덜란드의 파울 크뤼첸은 연소 과정에서 생성되는 질소산화물이 성층권에서 오존이 고갈되는 속도에 영향을 미칠 수 있다는 것을 발견했다. 그는 또한 아산화질소가 같은 효과를 줄 수도 있다는 사실도 알아냈다.

1974년 미국의 마리오 몰리나와 셔우드 롤런드는 염화불화탄소(흔히 CFC 또는 프레온)의 광화학적 분해반응으로 생성되는 염소화합물이 성층권의 오존을 파괴한다는 사실을 밝혀냈다.

오존층의 파괴는 현대과학의 발전과 깊은 관련이 있다. 예를 들어 초음속 비행기는 성층권에서 질소산화물을 방출한다.

자동차와 많은 지상의 공장에서는 질소산화물을 방출한다. 냉장고, 에어컨에서 나오는 프레온 가스와 에어로졸 분무제는 대기에 대량의 염소화합물을 방출한다. 이러한 것들이 모두 지구의 오존층의 파괴를 일으키게 된다.

현재 지구 대기권의 오존층은 이미 많이 파괴되어 있는 상황이다. 만약 이러한 현상이 더욱 진행된다면 지구환경은 생물체가 살아가기에 어려운 상황이 될 수도 있다. 이를 예방하는 것은 일개 개인이나 국가의 문제가 아니라 모든 국가와 전 세계적인 문제일 수밖에 없다.

크뤼첸, 몰리나 그리고 롤런드는 이 공로로 1995년 노벨 화학상을 수상하였다.

39. 트랜지스터의 개발

1950년대 인류를 전자공학의 시대로 열어 준 과학자들은 마로 존 바딘, 월터 브래튼, 윌리암 쇼클리이다. 고체물리학에서 가장 중요한 물질은 반도체인데 이는 도체와 부도체의 중간에 해당하는 물질이다. 위의 세 명은 제2차 세계 대전이 끝난 후 벨 연구소에서 만난다. 이 연구소에서는 반도체 연구팀이 있었는데 이 팀엔 능력이 뛰어난 사람들이 많았다.

바딘, 브래튼, 쇼클리는 합심하여 게르마늄 반도체의 박판에 수직으로 전기장을 걸어 운반체의 수를 제어하는 방식을 고안하고 이를 보다 보완하여 인류 최초로 pnp형 트랜지스터를 개발하였다.

당시 이 연구소의 경영진은 통신 시스템의 획기적인 발전을 위해서는 신소재 개발이 필수라고 생각하였다. 벨연구소는 고체연구부를 독립 부서로 격상시키고 그 밑에 자기, 압전기, 반도체 등의 여러 소그룹을 두는 조직으로 개편하였다. 이 반도체 연구팀에 바딘, 브래튼, 쇼클리, 무어 등이 있었다.

고체에서의 전기전도도는 원자핵의 제일 바깥 궤도를 돌고 있는 자유전자의 숫자가 결정한다. 반도체에 전지를 연결하면 -전기를 띤 자유전자가 +전극으로 빨려 들어가서 전기가 흐르게 되고, 자유전자가 이동하고 남은 자리에는 +전기를 띤 구멍이 생기게 된다. 이를 홀(hole)이라 부른다. 홀은 주변에 있는 전자들을 끌어당겨서 안정된 상태를 이루려 한다. 이때 끌려 들어간 전자가 있던 자리에는 다시 홀이 생긴다. 결국, 홀이 이동한 셈이다. 이렇게 전자가 +쪽으로 이동할 때 홀은 -쪽으로 움직이게 된다.

이러한 현상에 관심을 가졌던 과학자들은 반도체에서 자연스럽게 발생하는 전자와 홀의 수에 만족하지 않고 다른 불순물을 넣어 전자 혹은 홀의 수를 늘리는 방법을 고안하였다. 대표적인 반도체인 실리콘과 게르마늄은 4족 원소로서 4개의 최외각 전자를 가지고 있다. 여기에 비소와 같은 5족 원소를 섞으면 최외각 전자는 모두 9개가 된다. 이 중에서 8개는 안정된 결합을 이루고, 전자 하나가 남게 된다. 이 전자는 자유전자로 전기를 운반한다. 음전하를 띤 전자가 전기를 나른다는 뜻에서 이것을 n형 반도체라고 한다.

이와 달리 3족 원소인 인듐을 불순물과 섞으면 최외각 전자는 모두 더해도 7개밖에 되지 않는다. 8개의 안정된 결합에서 1개가 모자라기 때문에 그곳에는 홀이 생긴다. 이 홀은 자유전자와 반대 방향으로 움직여 마치 양전하가 움직이는 것과 같은 효과를 낸다. 그래서 이를 p형 반도체라 한다.

벨연구소의 반도체 연구팀이 연구의 출발점으로 삼았던 것은 제2차 세계대전 중에 사용된 레이더 검파기였다. 레이더 검파기는 초기 라디오 검파기를 개량한 것으로 게르마늄을 원료로 사용하면서 인을 불순물로 첨가하고 있었다. 레이더 검파기를 통해 당시의 과학자들은 게르마늄과 같은 4족 원소가 반도체의 원료로 적절하며, 인과 같은 5족 원소를 도핑하면 전류의 운반체가 증가한다는 점을 명확히 인식할 수 있었다. 문제의 핵심은 전류의 운반체가 되는 전자나 홀의 수를 적절히 제어함으로써 전기 신호의 진폭을 증대시키는 증폭 효과를 얻어내는 데 있었다.

쇼클리는 게르마늄 반도체의 박판에 수직으로 전기장을 걸어서 운반체의 수를 제어하는 방식을 고안하였다. 실험 장치로는 얇은 석영판의 윗면에 반도체 박막을 붙이고 아래 면에 금속 막을 증착시킨 후 반도체 막과 금속막 사이에 전극을 부착시킨 것이 사용되었다. 그는 두 막 사이에 걸린 전압을 매개로 운반체의 수, 즉 전류를 제어할 수 있다고 생각하였다. 그의 가설에 따르면 이 방법을 사용하면 증폭 작용이 일어나야 했으나 실험은 번번이 실패로 돌아갔다.

쇼클리는 바딘에게 자신의 실험이 번번이 실패한 원인을 분석해 달라고 요청하였다. 연구 끝에 바딘은 미세한 증폭 효과가 나타나긴 하지만 반도체의 표면 상태에 문제가 있어 그것을 관찰할 수 없다고 평가하였다. 즉, 운반체 대부분이 반도체의 표면에 잡혀버려 반도체의 내부는 전기장이 차단되어 버렸다는 것이다. 이러한 바딘의 가설은 브래튼의 실험에 의해 확인되었다.

반도체 표면상의 문제를 회피하기 위해서 바딘과 브래튼은 반도체를 전해액에 담근 뒤 전압을 걸어주는 실험에 착수하였다. 그 결과 증폭 작용을 얻을 수 있었으나 그 효과가 너무 적다는 문제가 발생하였다.

이러한 문제점을 해결하기 위하여 브래튼은 플라스틱 칼을 금박으로 싼 뒤 그것을 면도날로 가느다랗게 베어 2개의 슬릿을 만들었다. 이 금박을 게르마늄 본체에다 붙인 뒤 하나의 슬릿에는 작은 전압을 걸고 다른 하나의 슬릿에는 큰 전압을 걸었더니 증폭 전류가 흐르는 현상이 나타났다. 바딘과 브래튼은 이러한 장치를 개량하여 금박 슬릿 대신에 금속 칩을 사용하여 반응물 사이의 거리를 더욱 가까이 접근시켰다. 이것이 1947년 12월 16일에 역사상 최초로 발명된 트랜지스터이다. 이것이 바로 인류가 전자공학의 시대로 진입하게 되는 문을 연 순간이었다.

40. 최초의 비행기가 만들어지기까지

 본격적인 동력 비행기에 대한 발상은 라이트형제가 아니라 스미소니언 연구소 교수였던 랭글리가 처음이었다. 그는 기술자이자 천문학자로 여러 대학에서 천문학 교수를 역임했고, 나중에 스미소니언 연구소에서 동력비행기 개발을 추진하였다. 랭글리는 앞뒤로 배치한 두 개의 날개를 가진 모형 비행기를 만들고 그것을 확대하여 동력을 실으면 비행기 개발에 성공할 것이라고 생각하였다.

 1903년 라이트 형제가 첫 비행에 성공하기 며칠 전에 랭글리는 포토맥 강에서 동력기 에어로드롬호의 시범비행을 시도하였다. 그는 비행기 몸체에 소형 증기기관으로 돌아가는 프로펠러를 장치했다. 포트맥 강 위에 설치한 활주대를 출발했지만 결과는 실패했다. 그의 비행기는 출발하자마자 곧바로 곤두박질쳐서 추락해 버린 것이었다.

 그의 비행기 날개의 강도는 상대적으로 약했으며, 동력으로 탑재했던 증기기관도 너무 무거웠다. 출발하자마자 그의 비행기는 앞날개가 부서졌고 전혀 활공하지 못한 채 곧 강으로 떨어지고 말았던 것이다.

라이트 형제가 성공한 요인은 모형비행기가 아닌, 실물의 글라이더에서 출발한 것에 있었다. 1890년대 유럽에서는 전문적으로 글라이더를 타는 기술을 겨루는 경쟁이 있었다. 그 중에서 뛰어났던 인물이 바로 독일의 릴리엔탈이었다. 그는 1890년부터 1896년 사이에 2,000번 이상을 비행하였는데, 최고 250m를 날아간 적도 있다. 그는 그의 경험과 결과를 "비행술의 기초로서의 새의 비상" 라는 제목의 책으로 펴냈다. 라이트 형제는 이 책을 읽고 크게 감명을 받았다. 그리고 릴리엔탈의 실패를 분석하여 진짜 동력으로 날 수 있는 비행기를 만드는 것을 자신들의 목적으로 정했다.

라이트 형제는 릴리엔탈의 글라이더를 복엽 글라이더로 개량하여 활공기술을 익혔고, 1900년부터 1902년까지 1,000번 이상의 비행을 시도하였다. 1903년 12월 17일 라이트 형제는 드디어 동력비행기의 첫 비행에 성공하게 된다. 이 성공은 동생인 오빌 라이트의 재능있는 조종기술이 큰 역할을 하였다. 당시에는 랭글리 외에 맥심 등도 동력비행기 연구에 매진하고 있었지만, 그들은 글라이더에서부터 시작하는 것을 경시하고 있었다. 동력비행의 성공에 있어 중요한 것은 불안정한 대기 속에서 안정하게 균형을 잡는 것과 공중에 오래 머물 수 있는 양력을 연구할 필요가 있었다. 그럼에도 불구하고 그들은 먼저 동력을 완성했고 그것을 이론으로만 생각하여 비행기 몸체에 장치하였다. 그들의 비행기가 날지 못했음은 어쩌면 당연한 것인지도 모른다. 안정된 글라이더의 설계는 동력기의 설계보다 더 어렵다. 동력기는 동력의 힘을 빌려서 양력을 내는 것이지만 글라이더는 균형을 유지함으로써 날지 않으면 안 되기 때문이다. 글라이더가 제대로 되면 나중에 엔진을 장착하여 나는 것은 생각보다 쉽다. 글라이더에서부터 출발한 라이트 형제의 동력비행기 제조 방향은 아주 적절했다고 할 수 있다.

1903년 12월 17일 오전 10시, 동생 오빌이 탄 '플라이어 1호'는 노스 캐롤라이나 주 키티호크 해안을 날아올랐다. 체공 시간은 12초, 거리는 36m에 불과했지만 인류 최초로 동력비행에 성공한 순간이었다. 플라이어 1호는 이날 네 번의 비행에서 체공 시간과 거리를 59초와 260m로 확대했다. 1호를 개량한 2호는 1904년 말에 체공 시간 5분으로 이동 거리 5km, 1905년 10월에는 39km로 늘어났다. 1908년에는 형 윌버가 프랑스에서의 시험 비행에서 1시간 14분으로 늘어났고, 그 해 마지막 시도에서는 2시간 20분으로 145km를 날았다.

짧은 시간 동안 발전을 거듭한 플라이어는 아주 우수했으며 비행원리에 합치된 완전한 것이었다. 이 위대한 인류 최초의 동력비행기가 성공할 수 있었던 것은 사실 자전거 기술 덕분이었다. 라이트 형제는 원래 자전거 가게를 운영했었다. 1892년 두 사람은 함께 자전거를 제조, 판매, 수리하는 일을 시작했다. 형 윌버는 소극적이어서 정리하는 역할을 맡은 것에 비하여 동생 오빌은 재기가 넘치고 굉장히 사회적이었다. 두 사람의 자전거 사업은 상당한 성공을 거두었다. 그리고 두 사람은 하늘을 난다는 꿈을 가지고 연구를 거듭하여 이와 같이 위대한 업적을 이루었던 것이다. 플라이어 비행기에는 자전거의 기술이 많이 도입되었다. 비행기 몸체의 프레임도 자전거와 같았고 자전거 제작에서 얻은 라이트 형제의 경험이 구석구석에 배어있었다. 또한 나중에 개발된 플라이어호는, 이착륙용으로 처음에 장치한 썰매형을 개조하여 자전거의 바퀴를 연결한 것이었다. 동력비행에 성공한 이후부터 형제는 자전거 사업을 정리하고 비행기 제조회사를 세웠다.

당시 최초의 동력비행 성공을 목표로 했던 사람들은 라이트 형제나 랭글리뿐만 아니었다. 유럽, 특히 프랑스의 기술자들도 경쟁 상대였다. 오히려 프랑스 쪽이 기술적으로 앞서 있었는데, 항공기 연구 분야에서 완전히 후진국이었던 미국의 라이트 형제가 첫 비행에 성공했다는 소식을 들은 프랑스의 기술자들은 그 사실을 믿지 않았다. 그러나 형 윌버가 1908년 프랑스로 가 현지에서 실제로 보여준 '플라이어2호'의 2시간 20분, 145km가 넘는 비행을 보자 프랑스 기술자들의 라이트 형제의 성공을 인정해야 했다. 당시 프랑스 기술자들이 놀랐던 것은 그 비행시간이나 거리뿐만 아니라 비행기를 안정하게 선회시키는 성능이었다.

수평비행 중에는 글라이더에 난류가 잘 생기지 않지만, 이륙하거나 선회 비행 중에는 난류가 발생하기 쉽고, 이때 생긴 난류에 의해 기체가 불안정해진다. 이로 인해 이륙할 때의 안정성 유지가 동력비행기 성공을 위한 첫 번째 관문이었다.

라이트 형제는 릴리엔탈의 저서에 나와 있는 새가 비상하는 기술과 기르고 있던 비둘기를 잘 관찰해서 안정된 상태의 비행을 위해 날개를 비틀고 휠 필요가 있다는 사실을 알았다. 그리고 이러한 사실을 그들의 비행기 복엽 구조에 채용했던 것이다.

여기서 휘어짐이 필요한 까닭은 날개는 반드시 유연성이 있어야 공기에 대한 저항성이 약해져서 비행기가 안정되기 때문이다. 새의 경우에는 관절이 있는 뼈와 깃털에서 이러한 유연성이 실현되는 것이다.

또 다른 중요한 것은 날개를 비트는 것인데, 라이트 형제는 엎드려서 타는 조종자 허리의 좌우를 움직임으로써, 주 날개를 비틀어지게 했다. 이것으로 기류의 불안정함과 양력의 불균일한 점을 조정하면서 안정되게 날 수 있는 기술을 개발한 것이었다. 그때까지의 비행기 날개로는 이와 같은 양력 조정이 불가능했으므로 한번 기울어지면 그대로 선회하여 비행기가 추락했기 때문에 이를 다시 고칠 수 없었다.

첫 비행을 조정한 동생 오빌은 이륙할 때 부지런하게 허리를 움직여서 좌우의 기울기를 조정함으로써 추락을 막고 안정적으로 상승시켰다고 한다. 라이트 형제가 만든 비행기가 성공하게 된 최대 요인은 이와 같은 '비틀 수 있고 휘어지는 날개'가 가장 중요했던 것이다. 비행기 전체의 프레임은 자전거 기술로 튼튼하게 만들었지만, 주 날개는 새의 날개처럼 아주 부드럽게 만들었다. 오늘날 이 원리는 '보조날개'의 기술로 이어졌다. 불안정한 기류가 있을 때 사용하거나 선회할 때 이용한다. 튼튼한 주 날개의 앞부분에서 뒤로 달려있는 날개이다.

프랑스 기술자들은 비트는 날개에 대한 착상이 없었다. 라이트 형제는 이 비트는 날개의 기술을 최대의 비밀로 했으며 여러 나라의 기자들에게도 감추었다.

라이트 형제, 그들은 세계 최초로 동력비행기로 하늘을 날았고, 그들은 인류에게 하늘을 날 수 있게 되는 역사를 안겨 주었다.

41. 최초의 원자로

인류 최초로 핵분열을 인공적으로 조절하여 원자로를 만든 사람은 바로 이탈리아 출신의 미국과학자 엔리코 페르미이다. 그는 어릴 때부터 수학과 과학에 남다른 재능을 보여 수재로 통하였다. 그는 21살 때 박사학위를 받았고 25살에 로마 대학의 교수가 된다.

1933년 그는 베타붕괴에 대한 연구를 하였는데, 이는 베타붕괴에 있어서 전자와 함께 방출되지만 실제로 검출하기 어려운 입자의 존재를 가정하여 베타붕괴를 명쾌하게 설명할 수 있었다. 그 입자는 나중에 페르미에 의하여 중성미자로 불려졌다. 페르미는 중성미자에 의한 문제를 풀기 위해 소위 약력으로 불리는 새로운 힘을 제안하였다. 이 약력은 나중에 자연계에 존재하는 새로운 기본적인 힘으로 인정되었다. 이 업적으로 페르미는 1937년 노벨 물리학상을 받게 된다.

노벨 물리학상 시상식에 참여한 후 그의 아내가 유태인이었기에 고국으로 돌아가면 아내가 위험해질 것으로 판단하고 미국으로 망명하게 된다. 그는 시카고대학의 교수로 자리를 잡고 이후 수많은 논문을 써내며 당대 최고 물리학자의 반열에 오른다.

페르미의 업적 중 가장 중요한 것은 바로 시카고대학 물리학 건물이 있는 지하에 그의 지도로 인류 최초로 핵분열을 인위적으로 조절할 수 있는 원자로를 만든 것이다.

페르미가 미국으로 망명한 직후에 독일의 과학자인 오토한은 핵분열 현상을 발견하였다. 페르미는 핵분열 연쇄반응을 지속적으로 일으킬 수 있는 가능성을 타진하기 시작하였다. 그 열쇠는 너무 많은 중성자들이 분열을 일으키지 않고 흡수될 수 있도록 중성자의 속도를 느리게 만드는 데 있었다. 마침 컬럼비아 대학에는 헝가리 출신의 물리학자인 실라드가 이에 대해 연구하고 있었다. 페르미와 실라드는 핵분열 연쇄반응을 실험하기 위해 원자로가 필요하다는 점을 절감했고, 원자로의 감속재로는 흑연이 적당하다는데 의견을 같이 하였다.

페르미 연구팀은 1940년부터 높다란 흑연 파일을 만들고 여러 지점에서 중성자의 세기를 측정하는 실험을 진행하였다. 페르미는 1942년 11월부터 핵분열 반응을 안정적으로 실시할 수 있도록 원자로를 만드는 작업을 추진하였다. 그것은 극반경 309cm, 적도반경 388cm의 타원형으로 제작되었다. 반응의 효과를 극대화하기 위하여 원자로를 흑연 벽돌로 만들었고, 카드뮴 막대로 빈틈을 채워 원자로를 통제하게 했으며, 반응 물질로는 순수 우라늄과 산화우라늄을 사용하였다. 그 원자로는 시카고파일 1호기로 불렸다. 1942년 12월 2일 드디어 인류 최초로 원자로를 가동하는 실험이 실시되었다. 원자로에서 카드뮴 막대를 인출하자 연쇄반응이 시작되었고 그 반응은 계획대로 조절될 수 있었다. 이로 인해 핵분열로 인해 나오는 핵에너지를 인류가 사용할 수 있게 되었다.

42. 주기율표가 만들어지기까지

화학에서 가장 중요한 것은 아마도 새로운 물질의 발견과 이 물질의 성질 그리고 이러한 물질들끼리의 화학작용일 것이다. 18세기부터 인류에게 새로운 물질 즉 원소들이 하나씩 알려지게 되었다. 많은 화학자가 이러한 새로운 물질들의 규칙성을 찾고 이러한 물질들의 관계로 연구하였는데 이러한 과정을 통해 탄생한 것이 주기율표이며 이를 완성한 사람이 바로 러시아의 멘델레예프이다.

멘델레예프는 시베리아의 동쪽 토볼스크라는 마을에서 태어났다. 그의 아버지가 사망하면서 가세가 급격히 기울어 경제적으로 매우 힘들었지만, 그의 어머니는 희생과 헌신으로 멘델레예프를 위해 모든 것을 쏟아부었다. 하지만 그의 어머니마저 그가 대학에 들어가자마자 사망하게 된다. 멘델레예프는 그의 어머니 장례식을 치르면서 어머니의 희생을 헛되게 하지 않게 하기 위해서는 자신은 학문에 모든 에너지를 쏟아부어 훌륭한 과학자가 되는 것이 어머니를 위한 것으로 생각하고 평생을 과학연구에 정진하게 된다.

그 후 그는 프랑스와 독일에 가서 선진학문을 배운 후 러시아 페테르부르크 공업대학의 교수가 된다. 그는 교수 생활을 하며 "화학의 원리"라는 책을 쓰게 되는데 이를 위해 여러 가지 자료를 모아 연구하던 중 화학원소의 성질 사이에 비슷한 양상이 존재한다는 점에 확신을 갖게 되었다. 그는 1868년을 전후로 이에 관한 연구를 본격적으로 추진하였다. 멘델레예프는 당시에 알려진 63개의 원소를 카드로 만들어서 원소의 이름과 성질을 기록하였다. 이어 그 카드를 실험실의 벽에 꽂아 모아 놓고 그가 모은 자료를 다시 검토했다. 그랬더니 원소의 성질이 놀랄 만큼 원자량과 관련되어 있다는 것을 알아내게 되었다. 멘델레예프는 같은 성질을 갖는 원소가 주기적으로 나타난다는 점을 확인한 후 원소의 성질이 원자량의 주기적인 함수라고 가정하였다. 멘델레예프는 1869년 3월 러시아 화학회에서 "원소의 구성 체계에 대한 제안"이라는 논문을 발표한다. 그 논문은 원자량의 순으로 배열한 원소의 성질이 주기적으로 변한다는 가설을 바탕으로 당시 알려져 있던 원소들 사이의 관계를 설명한 것이었다. 그는 그것을 근거로 원소들을 원자량의 순서대로 배열하여 이를 표로 정리하게 되었고 이것이 바로 주기율표가 탄생하게 된 것이다.

주기율표에서는 세로 열을 족이라고 부르고 가로 행은 주기라고 부른다. 원소의 원자번호는 그 원소의 원자핵 안에 들어 있는 양성자의 수와 같다. 원자의 번호와 원자량을 결정할 때 중성자는 무시한다. 현대의 주기율표는 모든 원소를 간결하게 정리해서 보여 줄 뿐만 아니라 일정하게 두드러지는 특징을 바탕으로 한 성질이나 경향에 따라 원소들이 가족을 형성하고 있음을 보여준다. 현재 주기율표에는 98개의 원소들이 원자번호 순으로 나열되어 있다.

주기율표는 화학의 발전에 있어서 아주 획기적인 것으로 이를 통해 인류는 아직 발견되지 않았던 원소도 발견하게 되었고 화학의 비약적인 발전의 계기를 마련하게 되었다.

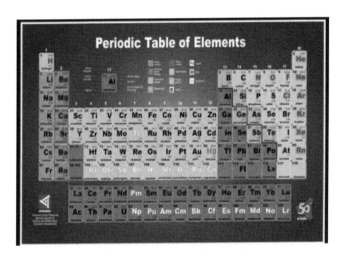

43. 원자핵의 발견

뉴질랜드에서 태어났던 어니스트 러더퍼드는 1895년 영국의 캐번디시 연구소에 외국인 연구 학생으로 온다. 여기서 그는 전자를 최초로 발견한 J. J. 톰슨 밑에서 공부를 한 후 캐나다의 맥길 대학 물리학과로 자리를 옮긴 후 알파 입자에 관한 연구를 시작한다. 당시 맥길 대학에는 화학자였던 프레더릭 소디가 있었는데 그는 느린 속도로 방사능을 방출하며 다른 원소로 변환되는 원소를 발견했다. 그는 방사성 원소인 토륨은 붕괴되면서 헬륨과 다른 원소들로 변한다는 것을 알아냈다. 이 발견이 중요한 이유는 방사성 원소에서는 에너지 보존 법칙이라는 보편적 원리가 완벽하게 지켜지지 않는다는 것과 화학 원소들은 불변의 물질이 아니라는 것이다.

1907년 영국의 맨체스터 대학으로 돌아온 러더퍼드는 방사성 물질에서 방출되는 알파 입자에 대해 더욱 깊은 연구를 한다. 마침 이때 우라늄에서 방사선을 처음으로 발견한 베크렐은 알파 입자가 공기 분자에 의해 경로에서 튕겨 나가는 것으로 보인다는 실험 결과를 발표하게 되는데, 러더퍼드는 어떻게 그것이 가능하게 되는 것인지 자신 나름대로의 실험을 하기 시작한다.

당시 러더퍼드 밑에는 훗날 알파 입자를 검출하는 데 성공한 최초의 실험기구인 가이거 계수기를 발명한 한스 가이거가 있었다. 러더퍼드는 가이거와 함께 얇은 금박지에 충돌시킨 알파 입자 8,000개 중 1개가 튀어나온다는 것을 알아냈다.

그리고 1911년 11월 러더퍼드는 알파 입자의 경로를 편향시키기 위해서는 원자의 중심에 원자 질량 대부분이 고도로 농축된 전하의 덩어리가 있어야 한다는 결론을 내리게 된다. 러더퍼드는 양성자를 방출하는 금박과 같은 물질에 알파 입자를 충돌시켰을 때 알파 입자가 편향되는 것은 충돌하는 물질 속에 있는 매우 작으면서도 단단한 무엇인가가 존재하기 때문이라고 생각했다.

러더퍼드는 원자의 모습에 대해 원자의 중심에는 어느 한점에 고도로 밀집된 전하의 덩어리가 있고 중심에 밀집되어 있는 전하와는 반대인 전하가 구형의 균일한 분포를 이루며 주변을 둘러싸고 있다고 주장했다. 이것이 바로 최초로 원자핵을 발견하게 된 순간이었다.

러더퍼드의 발견은 원자의 진정한 구조를 현대적으로 이해할 수 있게 해주는 초석이 되었다. 그리고 그는 비록 영국의 식민지인 뉴질랜드 출신이었지만 이 공로로 1914년 기사 작위까지 받게 되고 노벨 화학상도 수상하게 된다.

44. 뉴턴과 힘

아이작 뉴턴은 역사상 가장 위대한 과학자라 할 수 있다. 그는 당시 미신과 마술에 둘러싸인 시대에 태어나 미적분학이라는 새로운 수학을 개발하여 천체의 운동을 수학적으로 완벽하게 설명하였다.

뉴턴의 업적은 스무 살 때부터 시작된다. 그가 케임브리지 대학에 다니던 1666년 유럽 전체에 흑사병이 퍼지게 된다. 이로 인해 그는 고향인 울즈소프로 내려와 있었는데, 자신의 고향집을 거닐다가 그의 아버지가 죽기 전에 심어놓은 사과나무에서 떨어지는 사과를 보고 질문을 떠올린다. '만약 사과가 떨어진다면 달도 지구를 향해 떨어져야 하는 것이 아닐까?'

그는 이 질문을 바탕으로 사고 실험을 하게 된다. 만약 산 꼭대기에서 대포를 쏘면 포탄이 특정 거리만큼 날아간 후 땅에 떨어진다. 포탄의 발사 속도가 **빠를**수록 비행거리도 길어지는데, 속도가 충분히 **빠르**면 지구를 한 바퀴 돈 후 다시 발사 지점으로 되돌아올 수 있다. 이 사고 실험으로 뉴턴은 '달의 운동을 관장하는 법칙은 사과와 포탄, 그리고 중력에도 똑같이 적용된다.' 라는 놀라운 결론에 도달하게 된다.

이 논리에는 '힘'이라는 개념이 핵심적 역할을 한다. 물체가 움직이는 것은 우주적으로 작용하면서 수학적으로 정확하게 정의할 수 있는 힘이 있기 때문이다.

뉴턴이 하늘과 땅의 법칙을 하나로 통일할 수 있었던 것은 바로 이 힘 덕분이었다. 하지만 지나칠 정도로 내향적이었던 그는 자신이 발견한 사실을 외부에 알리지 않고 혼자만 알고 있었다. 그는 사실 주변 사람들과 일상적인 대화도 거의 하지 않는 사교성이 없는 사람이었다.

그러던 중 1682년 밝은 빛을 발하는 혜성이 런던 하늘에 나타났다. 이 혜성은 어디서 나타난 것일까? 이 사건에 커다란 관심을 가지고 있었던 에드먼드 핼리는 뉴턴을 만나기 위해 케임브리지로 왔다. 핼리는 혜성에 대해 뉴턴에게 질문을 했고, 뉴턴은 오래전에 자신이 발견한 법칙으로 혜성의 운동을 완벽하게 설명할 수 있었다. 이때 핼리는 뉴턴의 이론을 책으로 출판하도록 권유를 했고, 자신의 사재를 털어 출판이 이루어지도록 돕는다.

이 책이 바로 인류 역사상 가장 위대한 과학 서적이라고 하는 "자연 철학의 수학적 원리(프린키피아)"였다. 뉴턴이 발견한 운동 및 중력이론은 기존의 운동법칙을 하나의 원리로 엮은 최초의 통일이론이었다.

45. 전기와 자기

자석의 특징은 고대 시대부터 알려져 있었다. 고대 중국인들은 자석을 이용한 장치를 이용하여 방향을 찾는 데 사용하기도 했다. 그러나 전기는 그들에게는 공포의 대상이었다. 그들은 하늘에서 번개가 칠 때마다 신이 노해서 인간에게 벌을 주는 것이라고 생각했다.

전기와 자기의 물리적 특성을 처음으로 간파한 사람은 마이클 패러데이였다. 그는 가난한 대장장이의 아들로 태어나 어린 시절 학교 정규교육조차 받지 못했다. 어릴 때부터 제본소의 견습공으로 생계를 이어갔고 스물한 살 때 런던 왕립연구소의 조수로 취직했다.

당시만 해도 신분이 낮은 사람은 학교에서도 바닥을 쓸거나 실험도구를 닦는 것과 같은 일을 하는 경우가 많았다. 하지만 패러데이는 그의 열정과 실력을 인정받아 몇 년 후부터 자신의 실험을 할 수 있었다.

그후 얼마 지나지 않아 패러데이는 전자기학 분야에서 위대한 발견을 하게 된다. 자석을 고리형 전선 안에서 움직였더니 전선에 전류가 흐른다는 사실을 알아내었다. 당시에는 전기와 자기의 관계가 전혀 알려지지 않았기에, 그 결과는 상상을 초월했다. 여기서 영감을 얻은 그는 '전기장에 변화를 주면 자기장이 생성되지 않을까?' 하는 의문이었다. 그의 짐작은 옳았고, 변하는 전기장은 분명히 자기장을 생성하고 있었다.

패러데이는 이후 다양한 실험을 통해 전기와 자기가 동전의 양면처럼 서로 밀접하게 관련된 현상이라는 것을 알아내었다. 거대한 수력발전소와 도시의 야경은 바로 그의 발견에서 비롯된 것이다.

하지만 정규교육을 받지 못한 패러데이는 자신이 발견한 내용을 수학적으로 표현할 수가 없어서 그림을 이용한 역선으로 자석 주위에 형성되는 자기장을 표현하였다.

패러데이는 모든 물리학의 핵심인 장의 개념을 처음으로 도입한 사람이었다. 역선으로 이루어진 장은 공간 전체에 퍼져 있다. 모든 자석은 자기력선으로 둘러싸여 있으며, 지구의 자기장은 북극에서 나와 남극으로 들어간다.

뉴턴이 발견한 중력도 장으로 표현된다. 지구가 태양 주변을 공전하는 것은 태양이 만든 중력장을 따라 움직이고 있기 때문이다.

과학자들은 패러데이의 장론 덕분에 지구에 자기장이 생기는 이유를 설명할 수 있었다. 지구는 팽이처럼 자전하고 있으므로 지구 내부의 하전입자들이 지구의 중심축 주변을 선회하면서 자기장을 만들어낸다. 이처럼 우주에 존재하는 모든 힘들은 패러데이가 도입한 장의 언어로 표현된다.

패러데이는 그 시대에 드물게 일반인들과 어린이들을 위해

적극적으로 강연에 임하기도 했다. 그는 매해 크리스마스 시즌이 되면 런던 왕립학회 건물에 일반 대중을 초청하여 전기 도구를 이용한 쇼를 보여주기도 했다. 예를 들어 금속 박막으로 덮인 커다란 상자에 자신이 들어간 후 박막에 고압전류를 흘려보내는 것이다. 상자를 절연체로 만들면 전기장이 금속박막을 타고 퍼지기 때문에 그 안에 들어간 패러데이에게는 아무런 일도 일어나지 않는다. 상자 내부의 전기장이 0이기 때문이다.

이 현상은 현재도 전자레인지를 비롯한 전자제품의 표면 전류를 방지하는 데 사용되고 있다. 비행기도 기본적으로 패러데이 상자 역할을 하도록 설계되어 있어, 비행 중 번개에 맞아도 멀쩡하게 날아갈 수 있다.

46. 맥스웰 방정식

아이작 뉴턴은 미적분학으로 서술되는 힘으로 인해 물체가 움직인다고 했다. 그 후 패러데이는 장 때문에 전기현상이 나타난다고 주장했으나 장을 제대로 연구하기 위해서는 벡터 미적분학이라는 새로운 수학이 필요했다. 이 분야를 개척한 사람이 바로 케임브리지 대학의 수학자 제임스 맥스웰이다.

맥스웰은 물리학의 도약을 이끈 수학의 거장이었다. 그는 패러데이가 발견한 전기와 자기의 특성이 수학이라는 언어를 통해 요약될 수 있음을 알았다.

알려진 바에 따르면 움직이는 자기장은 전기장을 생성하고, 움직이는 전기장은 자기장을 생성한다. 맥스웰은 전기장과 자기장의 관계를 연구하다가 물리학의 역사를 바꿀 중요한 질문을 하게 된다. 변하는 전기장이 자기장을 만들었는데, 이 자기장이 또 다른 전기장을 만들고, 이 전기장이 또 다른 자기장을 만들고, 이런 식으로 계속된다면 어떠한 결과가 나타날까?

그는 탁월한 통찰력으로 이런 식의 상생 과정이 여러 차례 반복되면 전기장과 자기장이 끊임없이 뒤바뀌는 파동이 될것이라고 결론을 내렸다. 즉, 상생과정이 반복되다 보면 전기장과 자기장의 진동으로 이루어진 파동이 생성되어 혼자 힘으로 나아간다는 것이다.

맥스웰은 벡터미적분학을 이용하여 이 파동의 속도를 계산하였다. 그 결과는 310,740km/s 였다. 맥스웰은 계산을 자신이 직접 수행했음에도 불구하고 너무 놀랐다. 이 값은 그 무렵에 알려진 빛의 속도와 오차범위 안에서 거의 일치했기 때문이었다.

그리하여 맥스웰은 빛은 곧 전자기파라는 과감한 주장을 하게 된다. 맥스웰은 이 내용을 다음과 같이 설명하였다. "모든 실험 결과를 종합해볼 때, 빛은 전기 및 자기 현상을 일으키는 물질에서 방출된 횡파로 이루어져 있다."

TV와 레이저, 발전기 등 전기와 관련된 현대문명의 기구들은 이 방정식의 산물이다. 패러데이와 맥스웰이 전기와 자기를 하나로 통일할 수 있었던 것은 이들이 수학적으로 대칭적인 관계에 있기 때문이다. 맥스웰의 방정식에는 '이중성'이라는 대칭이 존재한다. 즉, 빛에 포함된 전기장을 E라고 하고 자기장을 B라고 했을 때, E와 B를 맞바꿔도 맥스웰의 방정식은 달라지지 않는다.

이런 이중성이 존재한다는 것은 전기와 자기가 동일한 힘의 두 가지 측면임을 의미한다. 맥스웰은 E와 B 사이의 대칭을 이용하여 전기와 자기를 통일했고 그 덕분에 19세기의 과학은 위대한 발전을 할 수 있었다.

맥스웰이 예견한 파동을 실험실에서 발견한 사람은 1886년의 독일의 실험 물리학자 하인리히 헤르츠였다. 그는 자신의 실험실 한구석에서 스파크를 일으킨 후 몇 미터 떨어진 곳에 전류가 흐르는 것을 확인했다. 미지의 파동이 아무런 도구 없이 공간을 가로질러 전달된 것이다. 이 새로운 현상은 훗날 라디오로 불리게 된다. 그 후 1894년 이탈리아의 과학자 굴리엘모 마르코니가 새로운 통신수단을 세상에 공개했다. 그의 발명품을 사용하면 임의의 메시지를 대서양 건너편으로 보낼 수 있었다.

현재 우리는 에너지 변환을 이용하여 범지구적 장거리 통신 체계를 당연하게 생각하며 살아가고 있다. 휴대폰의 마이크에 대고 말을 하면 소리에너지가 진동판의 역학적에너지로 변한다. 진동판은 자석에 부착되어 있어서 소리에너지에 의해 진동하기 시작하면 펄스 형태의 전류가 생성되고, 이로부터 발생한 전자기파가 근처에 있는 송신탑에 도달하면 메시지가 증폭되어 지구 전역으로 전달된다.

맥스웰의 방정식은 라디오, 휴대전화, 광섬유 케이블을 이용한 무선통신의 시대를 열었을 뿐만 아니라, 가시광선과 라디오파를 모두 포함하는 전자기파 스펙트럼의 실체를 규명함으로써 오랜 세월 동안 미스터리로 남아 있던 빛의 특성을 이해하는 데 결정적 역할을 하였다.

1660년대 뉴턴은 백색광을 프리즘에 통과시키면 무지개 색으로 분해된다는 사실을 알아냈고, 1800년에 영국의 천문학자 윌리엄 허셜은 무지개 색을 넘어서는 중요한 질문을 떠올렸다. '무지개의 붉은 색과 보라색 바깥에는 어떤 색이 존재하는가?' 라는 질문이었다. 그는 실험실에 설치된 프리즘에 빛을 통과시키고 붉은 색을 벗어난 지점에 온도계를 설치해 놓았는데 잠시 후 온도가 올라가기 시작했다. 눈으로 보기에는 빛이 도달한 흔적이 전혀 없었는데 그곳에도 에너지가 전달되고 있었던 것이다. 훗날 이 빛은 적외선과 자외선으로 불리게 된다.

오늘날 우리는 가시광선이 전자기파 스펙트럼의 극히 일부이며 대부분은 눈에 보이지 않는다는 사실을 잘 알고 있다. 라디오파와 TV파의 파장은 가시광선의 파장보다 훨씬 길고, 가시광선의 파장은 자외선과 X선의 파장보다 훨씬 길다.

지구 전체에 전기를 공급할 수 있게 된 것도 맥스웰의 방정식 덕분이다. 에너지원인 석유와 석탄을 운반하려면 기차나 배에 싣고 먼 거리를 이동해야 하지만, 전기에너지는 스위치 하나만 누르면 전선을 타고 도시 전체로 순식간에 운반된다.

47. 에디슨과 테슬라

전기 에너지 공급 체계를 구축한 사람은 토머스 에디슨과 니콜라 테슬라였다. 에디슨은 전구와 동영상 촬영기, 축음기, 수신용 테이프 등 수백 개의 특허를 보유한 발명의 천재였고, 맨하탄에 회사를 설립하여 인류 역사상 최초로 전기를 상품화했다.

에디슨의 전기사업은 기술의 두 번째 혁명으로 평가될 만큼 엄청난 영향을 미쳤다. 에디슨은 전기를 공급하는 수단으로 직류를 택했다. 직류는 전류가 항상 한쪽 방향으로만 흐르며, 도중에 전압을 올리거나 내릴 수 없다.

그러나 한때 에디슨의 직원이자 장거리 통신의 기초를 닦았던 테슬라는 직류 대신 흐르는 방향이 1초당 약 60번 바뀌는 교류를 사용해야 한다고 주장했다. 에디슨과 의견 충돌로 회사를 떠난 테슬라는 조지 웨스팅하우스가 운영하는 교류전기 회사에 스카우트되었고, 이때부터 에디슨의 직류와 테슬라의 교류는 자신의 회사와 전기문명의 미래를 좌우할 경쟁을 벌이게 된다.

에디슨은 수많은 발명품으로 현대문명에 기여한 천재였지

만, 정규교육을 받지 못하여 맥스웰 방정식을 이해하지 못했다. 직류전기가 송전선을 타고 수 킬로미터 이동하면 상당한 에너지 손실이 발생한다. 전압이 높으면 손실률을 줄일 수 있지만 수천, 수만 볼트자리 전기를 일반 가정에 공급하면 사고가 나기 쉽다. 따라서 직류 사업을 하려면 처음부터 낮은 전압의 전기를 공급해야 하고, 이로부터 발생하는 낭비를 감수해야 한다. 에디슨에게 고용된 공학자들은 이 사실을 잘 알고 있었다. 반면에 테슬라의 교류를 채택하면 처음부터 발전소에서 고압전류를 전송하여 손실을 줄이고, 최종 소비자에 도달하기 전에 전압을 낮추어서 사고를 막을 수 있다. 이 일을 수행하는 장치가 변압기이다.

자석이 움직이면 전기장이 생성되고, 전선이 움직이면 자기장이 생성된다. 이 사실을 이용하면 빠른 시간 안에 전선의 전압을 바꾸는 변압기를 만들 수 있다. 예를 들어 발전소에서 수천 볼트의 전기를 생산하여 송전선을 통해 전달하면, 도시 외곽에 있는 변전소에서 110볼트나 220볼트로 낮추어서 일반 가정이나 공장으로 보내는 식이다.

그러나 전기장과 자기장이 일정한 직류는 이런 식으로 전압을 바꿀 수 없다. 교류전기는 전기장과 자기장이 수시로 변하기 때문에 전기장을 자기장으로, 또는 자기장을 전기장으로 쉽게 바꿀 수 있다. 즉, 교류는 변압기를 이용한 승압 및 강압이 가능하다. 그러나 전류의 값이 일정한 직류에는 변압이라는 과정을 적용할 수 없다. 결국 에디슨은 교류와 직류의 전류 경쟁에서 패하면서 막대한 손실을 입었다.

48. 아인슈타인의 아이디어

아인슈타인이 10대 소년이었을 때, 아이디어 하나가 그의 머릿속에 떠올랐다. 그것은 다름 아닌 '빛을 따라잡을 수 있을까?' 하는 것이었다.

어린 시절 아인슈타인은 〈대중을 위한 자연과학〉이라는 책을 읽었을 때, '전선을 흐르는 전류와 나란히 달리는 자신의 모습을 상상해 보라'는 구절을 접했는데, 훗날 아인슈타인은 전류 대신 빛을 연상했던 것이다.

그는 빛과 나란히 같은 속도로 달리면 뉴턴이 말한대로 빛이 마치 한 자리에 정지해 있는 것과 같을 것이라고 생각했다. 하지만 열여섯 살의 아인슈타인은 정지해있는 빛을 본 사람이 이 세상 어디에도 없을 것이라는 사실을 떠올렸다. 그런 사례가 없다는 것은 논리 자체에 무언가가 누락되어 있음을 뜻한다. 이 질문은 그 후 10년 동안 아인슈타인의 머릿속에 남아 있었다.

사실 주위 사람들은 아인슈타인을 낙오자로 취급했다. 그는 뛰어난 학생이기는 했지만, 교수들은 그의 자유분방한 성격을 좋아하지 않았다. 그는 교과과정을 이미 터득하고 있었기에

지도교수가 강의하는 과목조차 듣지 않았다. 이에 불만을 품은 지도교수가 추천서를 성의 없이 써주는 바람에 대학을 졸업하고서도 적당한 취업을 할 수가 없었다.

아인슈타인은 생계를 위해 기숙학교 임시교사로 취직했지만 고용주와의 불화로 해고되기도 했다. 절망에 빠진 그는 갓 태어난 아이와 여자친구를 위해 보험외판원으로 취직할 생각까지 했다. 그는 한동안 실업자로 전전긍긍하면서 자신이 집안의 수치라고 생각하기도 했다. 그 무렵 친구에게 보낸 편지에는 "나는 가족에게 짐만 될 뿐이야. ... 차라리 태어나지 않는 게 좋을 뻔했어." 라고 쓰기도 했다.

아인슈타인은 친구의 도움으로 간신히 베른에 있는 특허청 3급 심사관으로 취직을 할 수 있었다. 그의 학력과 실력에 비하면 하찮은 직장이었지만, 결론적으로 '아주 축복 받은 위장취업'이었다. 아무도 방해하지 않는 조용한 사무실에서 자신에게 주어진 업무를 오전 중에 끝내고, 남은 시간에는 어린 시절부터 품어왔던 질문의 답을 추적할 수 있었기 때문이었다. 바로 이곳에서 아인슈타인은 현대물리학을 완전히 뒤집는 혁명적인 연구를 시작했다.

아인슈타인은 취리히 연방 공과대학생 시절에 맥스웰의 방정식을 처음으로 접하고 다음과 같은 질문을 하게 된다. '빛의 속도로 달리면 어떻게 될까?' 놀랍게도 이전에 그러한 질문을 한 사람은 없었다. 그는 맥스웰의 방정식을 이용하여 기차처럼 움직이는 물체에서 발사된 빛의 속도를 계산해 보았다. 지면에 서 있는 사람이 볼 때, 이 빛의 속도는 원래 빛의 속도에 기차의 속도를 더한 값으로 보여야 할 것 같았다. 뉴턴의 역학에 따르면 당연히 그래야 했다. 예를 들어 우리가 기차를 타고 가면서 진행 방향으로 공을 던지면, 지면에 서 있는 사람이 볼 때 공은 우리가 던진 속도에 기차의 속도를 더한 속도로 나아간다.

만일 공을 기차가 가는 방향의 반대 방향으로 던지면 지면에 서 있는 사람이 볼 때 공은 우리가 던진 속도에서 기차의 속도를 **뺀** 속도로 뒤쪽을 향해 날아갈 것이다. 따라서 빛과 같은 속도로 달리면 빛은 그 자리에 정지한 것처럼 보여야 한다.

하지만 아인슈타인이 직접 계산을 해보니, 관측자가 빛과 같은 속도로 경주를 한다고 해도 빛은 한 자리에 멈추지 않고, 관측자에 대하여 여전히 광속으로 나아간다는 결론이 얻어졌다.

물론 뉴턴 역학에 의하면 말도 안 되는 소리였다. 충분히 **빠른** 속도로 나아가면 누구든지 빛을 따라잡을 수 있는데 관측자가 바라보는 빛의 속도가 항상 같다는 것이 이해할 수가 없는 것이었다.

하지만 맥스웰의 방정식은 우리가 아무리 **빨리** 달려도 절대로 빛을 따라잡을 수 없고, 우리 눈에 보이는 빛의 속도는 항상 같다고 단언하고 있었다.

이와 같은 사실은 아인슈타인에게 의미있는 결과였다. 뉴턴과 맥스웰이 모두 옳을 수는 없었다. 둘 중 하나는 수정되어야만 하는 것이었다.

빛을 절대로 따라잡을 수 없다는 것은 무슨 뜻일까? 아인슈타인은 특허청 사무실의 자신의 책상에서 이 질문을 생각하며 많은 시간을 보냈다. 그리고 마침내 1905년 그는 베른으로 가는 기차 안에서 과학의 역사를 바꿀 아이디어를 떠올렸다. 그의 아이디어는 빛의 속도를 측정하려면 시간을 측정하는 시계와 공간을 측정하는 자가 있어야 한다. 그러므로 자신이 아무리 빠르게 달려도 빛의 속도가 항상 똑같으려면, 자신이 바라보는 시간과 공간이 그만큼 달라져야만 한다는 것이었다.

이는 곧 빠르게 날아가는 우주선 안에 탑재된 시계는 지구의 시계보다 느리게 간다는 것을 의미한다. 즉, 우리가 빠르게 움직일수록 시계는 느리게 간다는 것이다. 이것은 아인슈타인의 특수상대성이론으로부터 예측 가능한 현상이다. 그러므로 "지금 몇 시입니까?" 라는 질문의 답은 우리의 이동속도에 따라 달라진다. 광속에 가까운 속도로 날아가는 우주선의 내부를 지구에서 망원경으로 바라본다면, 모든 것이 슬로모션처럼 보일 것이다. 또한 우주선을 포함하여 그 안에 들어있는 모든 물체는 진행 방향으로 길이가 짧아지고, 모든 질량은 증가한다.

하지만 놀랍게도 우주선에 탑승한 우주인은 이런 변화를 전혀 눈치채지 못한다. 그가 볼 때 시간은 정상적인 빠르기로 흐르고, 모든 물체의 길이도 정상이며, 질량도 지구에서 측정한 것과 똑같다. 훗날 아인슈타인은 자신에게 가장 큰 도움을 준 이론으로 맥스웰의 전자기학을 꼽았다.

현재의 측정장치를 이용하면 속도가 빠를 때 나타나는 현상을 쉽게 확인할 수 있다. 비행기에 원자시계를 설치해놓고 지상에 있는 시계와 비교하면 비행기의 시계가 느리게 간다. 단, 비행기의 속도는 광속과 비교가 안 될 정도로 느리기 때문에 두 시계의 오차는 1조분의 1초보다 작다.

시간과 공간이 변한다면 물질과 에너지를 포함하여 우리가 측정할 수 있는 모든 것도 변해야 한다. 예를 들어 우리가 빠르게 움직일수록 체중은 증가한다. 그런데 이 초과 질량은 어디에서 오는 것일까? 움직이는 동안 아무것도 먹지 않았다면, 초과 질량의 출처는 바로 운동에너지이다. 이는 곧 운동에너지의 일부가 질량으로 변환되었음을 의미한다. 질량-에너지 등가원리가 여기에서 나온다.

즉 질량과 에너지는 서로 호환 가능한 것이다. 이것은 과학의 역사상 가장 심오한 질문의 답을 제공해주었다. 태양은 왜 밝게 빛나는가? 이것은 태양의 내부에서 핵융합 반응이 일어나고 있기 때문이다. 다량의 수소 원자들이 초고온 상태에 놓이면 압력이 커지면서 서로 융합하여 헬륨 원자로 변하고, 이 과정에서 찌꺼기처럼 남은 질량이 에너지로 변환되는 것이다.

아인슈타인의 어쩌면 사소한 아이디어가 이와 같이 과학의 역사를 바꾸어 놓았다.

49. 중력과 휘어진 공간

아인슈타인은 시간과 공간, 그리고 질량과 에너지가 4차원 대칭의 일부임을 알아냈지만, 그의 방정식은 한 가지 문제를 가지고 있었다. 물체가 가속운동을 하는 경우와 우주 전체에 작용하는 중력이 빠져 있었던 것이다. 그는 특수상대성이론을 일반화하여 중력과 가속운동을 포함한 이론을 만들고 싶었다. 이렇게 탄생한 것이 일반상대성이론이다.

처음에 독일의 물리학자 막스 플랑크는 상대성이론과 중력을 하나로 합치는 것은 불가능하다며 아인슈타인의 후속 연구를 만류했다.

물리학자들은 뉴턴의 중력이론과 아인슈타인의 특수상대성 이론이 양립할 수 없음을 잘 알고 있었다. 어느 순간 태양이 갑자기 사라진다면, 지구에서 그 부재를 느낄 때까지 얼마나 걸릴까? 아인슈타인은 약 8분이라고 주장했다.

하지만 뉴턴의 중력방정식은 빛의 속도에 대해 아무런 언급도 없었다. 뉴턴은 어느 순간에 태양이 사라지면 지구에서는 그 즉시 태양의 부재를 느낄 수 있다고 생각했다. 이것은 그 어떤 물체나 신호도 빛보다 빠르게 이동할 수 없다는 특수상대성이론에 위배된다.

아인슈타인은 열여섯 살 때부터 스물 여섯 살 때까지 거의 십 년 동안 빛의 특성을 파고들었고, 그 후에는 새로운 중력이론을 구축하면서 또 다시 10년을 보냈다. 어느 날 그는 연구실 의자에 앉아 몸을 뒤로 젖히다가 넘어질 뻔했는데, 바로 그 순간에 수수께끼의 실마리가 떠올랐다. '뒤로 넘어지면서 자유낙하를 하는 동안 몸은 무중력상태가 된다.'

높은 건물에서 물체를 낙하시켰을 때 떨어지는 동안 무중력상태가 된다는 것은 갈릴레이도 알고 있었다. 그러나 이 사실에서 중력의 비밀을 간파한 사람은 아인슈타인뿐이었다. 우리가 탄 엘리베이터의 케이블이 끊어졌다고 가정해보자. 그 순간부터 우리의 몸은 자유낙하를 할 텐데, 엘리베이터의 바닥도 똑같이 자유낙하를 하기 때문에 무중력상태에 놓인 우주인처럼 허공으로 두둥실 떠오를 것이다.

자유낙하하는 엘리베이터가 우리의 몸에 가해지는 중력을 정확하게 상쇄하기 때문이다. 이것을 흔히 '등가원리(equivalnce principle)'이라고 한다. 하나의 좌표계에서 나타난 가속도와 다른 좌표계에서 나타난 중력은 물리적으로 완전히 똑같기 때문에 구별할 수가 없다.

TV에서 나오는 우주인들이 우주선 안에서 떠다니는 것은 중력이 사라졌기 때문이 아니다. 태양계 안에서 중력이 0인 곳은 존재하지 않는다. 태양계라는 것 자체가 태양의 중력을 받는 공간이라는 사실을 잊어서는 안 된다. 그런데도 불구하고 우주인의 몸이 떠다니는 것은 우주선이 그들과 함께 지구로 떨어지고 있기 때문이다. 우주선과 우주인은 지구 주변을 돌면서 지구를 향해 자유낙하하고 있다. 그러므로 우주선의 내부는 무중력상태가 아니다. 우주선과 우주인은 똑같은 가속도로 떨어지고 있기 때문에 마치 무중력상태처럼 보이는 것뿐이다.

아인슈타인은 이 원리를 회전목마에 적용해 보았다. 상대성이론에 의하면 물체의 속도가 빠를수록 공간이 진행 방향으로 줄어들기 때문에 물체도 진행 방향으로 수축된다. 목마가 회전하는 것은 바닥원판이 회전하기 때문인데, 중심에서 멀수록 속도가 빠르기 때문에 바닥원판의 중심부보다 가장자리가 더 많이 수축된다. 그러므로 원판의 회전속도가 광속에 가깝다면 원판은 심하게 구부러질 것이다. 즉, 평평했던 원판은 그릇을 뒤집어놓은 것처럼 가운데가 볼록하게 튀어나온 곡면이 된다.

회전목마의 구부러진 원판 위를 걷는다고 가정해보자. 가운데가 볼록하게 튀어나와 있으니 똑바로 걷기는 어려울 것이다. 눈을 가린 상태라면 우리에게 보이지 않는 힘이 우리를 원판의 바깥쪽으로 밀어내고 있다고 생각할 것이다. 회전목마를 탄 사람이 원심력을 느끼는 것은 바로 이런 이유 때문이다. 하지만 회전목마의 바깥에 있는 사람은 굳이 원심력을 도입할 필요가 없다. 그저 바닥이 휘어졌기 때문에 그 안에 있는 사람들이 바깥쪽으로 밀려난다고 생각하면 그만이다.

아인슈타인은 이 모든 결과를 하나로 묶었다. 우리가 회전원판에서 바깥쪽으로 밀려나는 것은 원판 자체가 휘어져 있기 때문이다. 우리가 느끼는 원심력은 원리적으로 중력과 동일하다. 중력은 가속운동을 하는 좌표계에서 나타나는 일종의 착시현상이다. 다시 말하면 하나의 좌표계에서 진행되는 가속운동은 다른 좌표계에서 작용하는 중력과 완전히 동일하며 중력이 작용하는 이유는 공간이 휘어있기 때문이다.

회전목마를 태양계로 대치해보면, 지구는 태양 주변을 공전하고 있으므로, 우리는 태양이 지구에게 중력이라는 힘을 행사하고 있다고 생각한다. 그러나 지구 바깥에 있는 사람에게는 중력이 느껴지지 않는다. 그가 보기에는 지구 주변의 공간이 휘어져 있고, 지구가 그 휘어진 길을 따라 원운동을 하는 것처럼 보일 뿐이다.

아인슈타인은 특유의 통찰력을 발휘하여 중력은 실체가 아닌 현상이라는 놀라운 결론을 얻었다. 물체가 움직이는 것은 중력이나 원심력 때문이 아니라, 물체 주변의 공간이 휘어져 있기 때문이다. 물체가 움직이는 것은 중력이 잡아당기기 때문이 아니라, 휘어진 공간이 밀어내기 때문이다.

침대용 매트리스의 한복판에 묵직한 포환을 올려놓으면 가운데가 움푹하게 들어간다. 그 위에 조그만 구슬을 던지면 곡선 궤적을 그리며 굴러간다. 만약 구슬의 속도가 적당하면 포환을 중심으로 원운동을 하게 된다. 먼 거리에서 이 모습을 바라보는 관찰자는 구슬을 잡아당기는 힘이 작용한다고 생각하겠지만, 가까운 거리에서 보면 아무런 힘도 작용하지 않는다. 구슬이 직선 궤적에서 벗어난 이유는 매트리스의 표면이 휘어져 있기 때문이고, 움푹 파인 형태가 원에 가깝기 때문에 구슬이 원궤적을 그리는 것일 뿐이다.

구슬을 지구로, 포환을 태양으로 바꾸어 놓으면, 지구가 태양 주변을 도는 것이 태양이 공간을 구부려놓았기 때문인 것을 알 수 있다. 즉, 지구 주변의 공간은 평평하지 않다.

볼록 튀어나온 땅 위를 기어가는 개미는 똑바로 나아갈 수가 없다. 개미는 어떤 힘이 계속해서 잡아당긴다고 생각할 것이다. 하지만 높은 곳에서 이 모습을 지켜보는 우리에게는 아무런 힘도 보이지 않는다. 단지 땅이 볼록 튀어나와 있고 개미는 그 부분을 기어가고 있을 뿐이다. 아인슈타인의 일반상대성이론의 핵심은 질량은 시공간을 휘어지게 만들어서 중력이라는 환상을 낳았다는 것이다.

일반 상대성이론은 모든 물체와 시공간에 영향을 미치는 중력의 근원을 설명하고 있기에 특수상대성이론보다 강력하며 대칭성도 높다. 특수상대성이론은 시공간에서 직선 궤적을 그리는 물체만 다루고 있는데, 실제 우주에서 등속운동을 고수하는 물체는 거의 없다. 우리 눈에 보이는 대부분의 물체는 속도가 수시로 변하는 가속운동을 하고 있다. 일반상대성이론은 이처럼 속도가 일정하지 않은 물체에 적용하는 이론이다.

지은이 정태성

미국 캘리포니아대학 물리학 박사
스위스 제네바대학 박사후연구원
한신대학교 교수(2008~현재)

저서:
Quantum Mechanics, Classical Mechanics, 우주의 기원과 진화, 과학의
위대한 순간들, 뉴턴과 근대과학 탄생의 비밀, 대학물리학, 대학물리학실험, 노
벨상 나와라 뚝딱, 삶에는 답이 없다, 행복한 책 읽기, 행복은 여기에, 시는 내
게로 다가와, 도덕경의 이해, 장자의 이해, 노벨 문학상을 읽으며, 보다 나은
자아를 위하여, 과학 그 너머, 과학으로의 산책, 길을 찾아서, 고전과 더불어,
한국교회 박해의 역사, 과학의 선구자들, 길은 어디에, 부모님 전상서, 중용과
더불어, 과학으로의 여행, 물리로 보는 세계, 절망의 자아를 딛고 서서, 짐노페
디를 듣는 이유, 삶이 말해주는 것들, 오늘 행복하자, 영화가 말해주는 것들,
너에게 보내는 편지, 영어 고급 Vocaburary 연습 1, 2, 그대는 얼마나 오랫
동안 불행 속에 있었나, 친구에게, 너는 아프지 않았으면 좋겠다, 별을 가슴에
묻고, 내가 옳지 않을 수 있으니, 영자신문으로 영어공부하기, 물리학으로의
초대, 위대한 과학자의 발자취를 따라서, 삶에 대한 단상, 나에게 이르는 길,
물리학의 숲에서, 영어 어휘력 연습, 명상을 하면서 깨달은 것들, 니체를 읽으
며, 행복에 대한 소망, 혼자도 두렵지 않다, 위대한 물리학자들, 이네아스자,
마음을 돌아보며

시집:
됨, 있음, 없음, 버림, 앎, 받아들임, 맡김, 떠남, 잃음, 슬퍼도 슬퍼하지 않는
다, 별이 되어 만날까, 무명, 무한의 끝에서, 파랑, 밤하늘의 별

물리학으로의 산책

초판 발행 2023년 7월 15일

지은이   정태성
펴낸이   도서출판 코스모스
펴낸곳   도서출판 코스모스
주소 충북 청주시 서원구 신율로 13
전화 043-234-7027
팩스 050-7535-7027

ISBN 979-11-91926-85-9

값 12,000원